生活本来随心所愿

放下才是幸福

张艳红 编著

中国财富出版社

图书在版编目（CIP）数据

生活本来随心所愿 ：放下才是幸福 / 张艳红编著 . — 北京：中国财富出版社，2016. 1

ISBN 978-7-5047-5907-8

Ⅰ. ①生… Ⅱ. ①张… Ⅲ. ①人生哲学—通俗读物 Ⅳ. ①B821-49

中国版本图书馆 CIP 数据核字（2015）第 239307 号

策划编辑 刘 晗　　**责任编辑** 刘 晗
责任印制 方朋远　　**责任校对** 杨小静　　**责任发行** 邢小波

出版发行 中国财富出版社
社　　址 北京市丰台区南四环西路 188 号 5 区 20 楼　　**邮政编码** 100070
电　　话 010—52227568（发行部）　　010—52227588 转 307（总编室）
　　　　010—68589540（读者服务部）　　010—52227588 转 305（质检部）
网　　址 http: //www. cfpress.com. cn
经　　销 新华书店
印　　刷 北京京都六环印刷厂
书　　号 ISBN 978-7-5047-5907-8/B · 0467
开　　本 710mm×1000mm 1/16　　**版　　次** 2016 年 1 月第 1 版
印　　张 16　　**印　　次** 2016 年 1 月第 1 次印刷
字　　数 270千字　　**定　　价** 32. 80 元

前言 Preface

释迦牟尼佛住世时，有一位名叫黑指的婆罗门来到佛前，两手拿了两个花瓶，前来献佛。

佛对黑指婆罗门说："放下！"

婆罗门把他左手拿的那个花瓶放下。释迦牟尼佛又说："放下！"

婆罗门又把他右手拿的花瓶放下。然而，释迦牟尼佛还是对他说："放下！"

这时黑指婆罗门说："我已经两手空空，没有什么可以再放下了，请问现在你要我放下什么？"

释迦牟尼佛说："我并没有叫你放下你的花瓶，我要你放下的是你的六根、六尘和六识。当你把这些统统放下，再没有什么了，你将从生死桎梏中解脱出来。"

在佛的眼里，把六根、六尘和六识统统放下，人才能得以解脱。

然而，我们在生活中往往做不到这样，我们总是怨天尤人，放不下那些早已失去的东西，放不下内心的烦恼与浮躁，放不下自己的执念、贪念，无形间已给自己背上了沉重的枷锁。

佛说，放下才能得到解脱。这个道理真是再简单不过的了，我们却不愿相信，只想抓住一切，做不到坦然放手，因而只能活在执着的痛苦之中。

人生是一场旅程，一个人背负得太多，生活之路走起来就无法轻松。如果我们能把平日里所有的烦恼和不快乐都放下，心境自然会开阔起来，自己也会感到幸福与快乐。

千百年来受人仰慕和爱戴的苏东坡，因为无中生有的"乌台诗案"而遭贬

谪，可是他没有执着于此，也没有因此颓废，反而走进自然，寄情山水，享受生命。

放下执着，让苏东坡摆脱了受挫带来的痛苦，也让他享受到了怡然自得的惬意人生。《定风波》中的“回首向来萧瑟处，归去，也无风雨也无晴”就恰到好处地表现出了苏东坡豁然旷达的心境。佛说：“菩提本无树，明镜亦非台。本来无一物，何处惹尘埃？”当我们心静如水，全不在意外在得失时，便也可以领悟到“也无风雨也无晴”的快乐与幸福了。

不幸福只因不单纯。幸福有时并不源于获得了多少，而源自于放下了多少。时时面带微笑，日日向着阳光，宁静淡泊，清心豁达，烦恼与不快自会离你而去，这就是放下的幸福真谛。

放下是一种气质，能让人收放自如；放下是一种品格，能让人宠辱不惊；放下更是一种胸怀，能让人们为了理想和信念，忍受一切，容纳一切；放下更是一种境界，能让人们为了实现自己的人生目标，将生死置之度外。

但放下绝不是放弃，它是心灵的自由，是一种感悟、一种超越、一种洒脱，是一种积极的人生态度，是一种高深的人生哲学，是一种化腐朽为神奇的生活智慧。

生活本来随心所愿，放下就是幸福。

人生的道路很长、很宽阔，要懂得适时放下。生活的目的不在于与人赛跑，而在于享受一缕阳光、一片花香的生命旅程。

幸福其实很简单，只要你把一切放下，它就来了。

目录 Contents

117 第九章　最浪漫的回忆叫放手

127 第十章　在不抱怨中亲吻幸福

141 第十一章　少一份物欲，多一份安宁

201 第十五章 放慢节奏，身心和谐

217 第十六章 留一份从容给自己

233 第十七章 活着，就是一种享受

第一章 放下越多，得到越多

懂得放下，在不经意间收获幸福

人生不必太计较

剔除生命中无用的东西

常怀空杯心态，心自会丰盈

轻轻放下，才能更好地前行

该提起时提起，该放下时放下

淡看得失，不必挂心

懂得放下，在不经意间收获幸福

急功近利地追求幸福，却往往得不到幸福，而那些懂得放下，懂得变通的人往往会获得意想不到的幸福。

俗话说得好，有意栽花花不发，无心插柳柳成荫。对幸福的追求也是这样，并不是想得到就得到的。

有一位高僧，是一座大寺庙的住持，因年事已高，心中思考着找接班人。

一日，他将两个得意弟子叫到面前，这两个弟子一个叫慧明，一个叫尘元。高僧对他们说："你们俩谁能凭自己的力量，从寺院后面悬崖的下面攀爬上来，谁将是我的接班人。"

慧明和尘元一同来到悬崖下，那真是一面令人望而生畏的悬崖，崖壁极其险峻、陡峭。身体健壮的慧明信心百倍地开始攀爬，但是不一会儿，他就从上面滑了下来。慧明爬起来重新开始，尽管他这一次小心翼翼，但还是从悬崖上面滚落到原地。慧明稍事休息后又开始攀爬，尽管摔得鼻青脸肿，他也绝不放弃……

让人遗憾的是，慧明屡爬屡摔，最后一次他拼尽全身之力，爬到一半时，因气力已尽，又无处歇息，而重重地摔到一块大石头上，当场昏了过去。高僧不得不让几个僧人用绳索将他救了回去。

接着轮到尘元了，他一开始也和慧明一样，竭尽全力地向崖顶攀爬，结果也屡爬屡摔。尘元紧握绳索站在一块山石上面，他打算再试一次，但是当他不经意地向下看了一眼以后，突然放下了用来攀上崖顶的绳索，整了整衣衫，拍了拍身上的泥土，扭头向着山下走去。

旁观的众僧都十分不解，难道尘元就这么轻易地放弃了？大家对此议论纷纷，只有高僧默然无语地看着尘元的去向。

尘元到了山下，沿着一条小溪流而上，穿过树林，越过山谷……最后没费什么力气就到达了崖顶。

当尘元重新站到高僧面前时，众人还以为高僧会痛骂他贪生怕死、胆小怯弱，甚至会将他逐出寺门。谁知高僧却微笑着宣布将尘元定为新一任住持。众僧皆面面相觑，不知所以。

尘元向其他人解释："寺后悬崖乃是人力不能攀登上去的，但是只要于山腰处低头看，便可见一条上山之路。师父经常对我们说'明者因境而变，智者随情而行'，就是教导我们要知伸缩退变啊！"

高僧满意地点了点头说："若为名利所诱，心中则只有面前的悬崖绝壁。天不设牢，而人自在心中建牢。在名利牢笼之内，徒劳苦争，轻者苦恼伤心，重者伤身损肢，极重者粉身碎骨。"

然后，高僧将衣钵锡杖传交给了尘元，并语重心长地对大家说："攀爬悬崖，意在勘验你们的心境，能不入名利牢笼，心中无碍，顺天而行者，便是我中意之人。"

生活中我们似乎都在不断地攀爬这面通往幸福之路的绝壁，碰得头破血流也要往上爬。而实际上，这面绝壁根本就爬不上去，但是我们总以为自己只要坚持就可以，而如果我们能够像僧人尘元一样，或许会发现另一条可以通往崖顶的路。

有时候我们追求幸福，却发现通往幸福的路如此难走。一个女人爱上一个不该爱的人，执迷不悟，认为自己是对的，常常为此伤心流泪。爱上一个不该爱的人就如同攀爬这根本上不去的悬崖，一份没有结果的爱，会使自己随时可能掉下来摔个粉碎。

有些女人被金钱所惑，找丈夫一味地要找有钱人，一味地以这个为标准，最终错过了适合自己的人，随着年龄越来越大，自己越来越着急，匆匆找了一个人结婚，婚姻也不是很幸福。而在开始的时候如果回头看，看看这条路通不通，最终也不至于是这个结果。急功近利地追求幸福，却往往得不到幸福，而那些懂得放下、懂得变通的人往往会获得意想不到的幸福。

庄子在《逍遥游》里表达的"至人无己，神人无功，圣人无名"正是最好

的总结。逍遥游是一种最难得的人生状态，无拘无束、悠然自得地生活于世，幸福会不请自来。

人生不必太计较

推得过去，是生活；推不过去，也是一样的生活。

人生究竟是黑白还是彩色，纯粹是一种习惯性的看法。我们一旦习惯看到人生的黑暗面，就会刻意去寻找黑暗的那一面，而忽略掉光明的一面，自然就会被消极的世界所包围。多计算一下自己已拥有的，我们会发现每个人都是富人。衡量生活，别用过长的尺子，接受现实，相信自己已富有、已完美，生命将无憾。

事事斤斤计较、患得患失，生活会让自己伤痕累累，感到前途一片灰暗。既然如此，我们何不看开些呢？

清朝时，在安徽桐城有一个著名的家族，父子两代为相，权势显赫，这就是张家张英、张廷玉父子。清康熙年间，张英在朝廷当文华殿大学士、礼部尚书。老家桐城的老宅与吴家为邻，两家府邸之间有个空地，供双方来往交通使用。后来邻居吴家建房，要占用这个通道，张家不同意，双方将官司打到县衙门。县官考虑纠纷双方都是官位显赫、名门望族，不敢轻易了断。在这期间，张家人写了一封信，给在北京当大官的张英，要求张英出面干涉此事。张英收到信件后，认为应该谦让邻里，给家里回信中写了四句话："一纸家书只为墙，让他三尺又何妨？万里长城今犹在，不见当年秦始皇。"家人阅罢，明白其中意思，主动让出三尺空地。吴家见状，深受感动，也主动让出三尺房基地，这样就形成了一个六尺的巷子。两家礼让之举和张家不仗势压人的做法自此传为美谈。

计较往往是麻烦的开始，只要不是原则性的大事，睁一只眼闭一只眼又何妨？我们活在这个世上只有短短的几十年，浪费很多时间去为一些很快就会被人忘了的小事发愁，值得吗？我们应该把精力用在值得做的事情上，不必为了无关紧要的事情而计较。

人生往往就是如此，推得过去，是生活；推不过去，也是一样的生活。因此，要想真正获得幸福，就要学会淡定，学会知足。人生是贫穷还是富有，是黑白还是彩色，都在于你自己。如果你能接受人生的缺憾，接受这份不完整的生命赐予，那么你就能更快乐地活着。对于生命的苦难，我们不能把它归结为是谁的错，也不能总去关注他人的优越面，而妄自菲薄，徒增心中的怨恨。

别用过长的尺子衡量我们的生活，要懂得欣赏自己的生活，让自己活得随心所欲。趁自己还年轻，尽情地疯狂，尽情地任性，尽情地幼稚，尽情地做你想做的事。没有谁可以要求你改变，你也不必盲目改变。即使知道改变以后的自己会更好，但自己却无力改变的话，也不应该勉强去做，那些让自己觉得不满意的地方，就尽量忽略。毕竟，上帝创造了不同肤色、不同个性的人，就是为了让人们的生活多姿多彩。要接受自己所谓不完美的地方，没有必要勉强自己变得完美。

人生不必太计较，这样我们才能活得更舒心自在。

剔除生命中无用的东西

人生的目的不是面面俱到，也不是多多益善，而是把自己已经掌握的东西得心应手地去运用。如同宝剑一样，剑刃越薄越好，重量越轻越好。

生命中总有太多与人的本性无关的东西，这些东西很多时候对于自己来说是无用的，甚至是累赘。我们常常会被无关的人和事所干扰，最终失去了真实的自我，在歧路上越走越远，找不到回头的道路。

如果我们能把这些无用的却时时干扰我们的东西从生命中清除出去，那

我们就有足够的时间来跟随自己的心做自己喜欢的事情。生命是属于我们自己的，我们所要做的只是不要被别人的言论所左右，找到那片属于自己的天空，我们便能创造出属于自己的精彩。

一个皇帝想要整修京城里的一座寺庙，他派人去找技艺高超的设计师，希望能够将寺庙整修得美丽而又庄严。

后来有两组人员被找来了，其中一组是京城里很有名的工匠与画师，另外一组是几个和尚。

由于皇帝不知道到底哪一组人员的手艺比较好，于是就决定给他们机会做一个比较。

皇帝要求这两组人员各自去整修一个小寺庙，而这两个组互相面对面。三天之后，皇帝要来验收成果。

工匠们向皇帝要了一百多种颜色的颜料（漆），又要了很多工具；而让皇帝很奇怪的是，和尚们居然只要了一些抹布与水桶等简单的清洁用具。

三天之后，皇帝来验收。

他首先看了工匠们所装饰的寺庙，工匠们敲锣打鼓地庆祝工程的完成，他们用了非常多的颜料，以非常精巧的手艺把寺庙装饰得五颜六色。

皇帝满意地点点头，接着回过头来看看和尚们负责整修的寺庙。他看了一下就愣住了，和尚们所整修的寺庙没有涂上任何颜料，他们只是把所有的墙壁、桌椅、窗户等都擦拭得非常干净，寺庙中所有的物品都显出了它们原来的颜色，而它们光亮的表面就像镜子一般，无瑕地反射出从外面而来的色彩，那天边多变的云彩、随风摇曳的树影，甚至是对面五颜六色的寺庙，都变成了这个寺庙美丽色彩的一部分，而这座寺庙只是宁静地接受这一切。

皇帝被这庄严的寺庙深深地感动了，当然我们也知道最后的胜负了。

我们的心就像是这座寺庙，我们不需要用各种精巧的装饰来美化我们的心灵，我们需要的只是让内在原有的美无瑕地显现出来。

人生的目的不是面面俱到，也不是多多益善，而是把自己已经掌握的东西得心应手地去运用。如同宝剑一样，剑刃越薄越好，重量越轻越好。

一只倒霉的狐狸被猎人套住了一条小腿，在没法挣脱的情况下，它毫不迟疑地咬断了那条小腿，然后逃命。放弃一条腿而保全一条性命，这是狐狸的逃生哲学。人生亦应如此，在生活强迫我们必须付出惨痛的代价以前，主动放弃局部利益而保全整体利益是最明智的选择。智者曰："两弊相衡取其轻，两利相权取其重。"趋利避害，这也正是放弃的实质。

现代人总感觉活得很累，身上背负的重担越来越多，原因就在于人们不懂得放弃，放弃那些生命中无用的东西。不管外界如何纷纷扰扰，我们都应该让自己保持一份清静的天地，让心灵不必承受过多的所求和所欲。

生命中有太多与自己无关的东西，我们要学会放弃。只有这样，才会活得更加充实、坦然和轻松。

常怀空杯心态，心自会丰盈

空杯心态，其实就是一种虚怀若谷的精神，有了这种精神，人才能够不断进步，不断获得成功。

有一年，一位哈佛校长向学校请了三个月的假，然后告诉自己的家人，不要问他去什么地方，他每个星期都会给家里打个电话，报个平安。

校长只身一人，去了美国南部的农村，尝试着过另一种全新的生活。他到农场去打工，去饭店刷盘子。在田地做工时，背着老板躲在角落里抽烟，或和工友偷懒聊天，这都让他有一种前所未有的愉悦。

最有趣的是最后他在一家餐厅找到一份刷盘子的工作，干了四个小时后，老板把他叫来，跟他结账。老板对他说："可怜的老头，你刷盘子太慢了，你被解雇了。"

"可怜的老头"重新回到哈佛，回到自己熟悉的工作环境后，却觉得以往再熟悉不过的东西都变得新鲜有趣起来，工作成为一种全新的享受。

这三个月的经历，像一个淘气的孩子搞了一次恶作剧一样，新鲜而刺激。更重要的是，它使校长回到一种原始状态，就如同儿童眼里的世界，一切都充满乐趣。

这个“可怜的老头”，厌倦了在哈佛日复一日的校务工作和程式化交际，为了改变这一现状，他在抛开哈佛校长的光环后，从零开始生活，从而也抛弃了以往心中所积攒的不少“垃圾”，让自己的内心真正空杯。

从某种意义上，当一个人的发展遭遇瓶颈时，可以以“空杯”的方式放弃从前，关上身后的那扇门，他会发现另一片美丽的后花园，重新找到工作的激情和生活的乐趣。

现代人往往背负了太多的东西，生活倦怠、激情丧失，似乎是永远也绕不开的话题。每过一段时间，每到一定阶段，当感到一种难以摆脱的压抑和烦躁时，我们可以向那位哈佛校长学习，以空杯心态，换种方式前进，或许是种不错的选择。

选择空杯心态，以一种归零、谦虚的心态重新开始，人生的境况或许就会大不相同。有这样一种现象：人们第一次成功相对比较容易，第二次却不容易了，这是为什么呢？

国内某著名集团的老总曾经说过这样意味深长的话：“往往一个企业的失败，是因为它曾经的成功，过去成功的理由是今天失败的原因。任何事物发展的客观规律都是波浪式前进，螺旋式上升，周期性变化。中国有一句古话，叫风水轮流转，经济学讲资产重组。”生活就是不断地重新再来，不空杯就不能进入新的资产重组，就不会持续发展。

在此之前，我们可能有过很高的地位，可能拥有很多的财富，具有渊博的知识，但是当我们想要获得更大成功的时候，就需要有一个空杯的心态。空杯心态能让我们快速成长，并能使我们学到更多的成功方法。

如果我们要喝一杯咖啡，就应该先把杯子里的茶倒掉，否则把咖啡加进去之后，就茶也不是，咖啡也不是，成了四不像。人生亦是如此，要想让自己攀上更高的山峰，应一切从头再来，就像大海一样把自己放在最低点，来吸纳百川。倘若一个杯子装满了水，稍一晃动，水便溢了出来。一个人若心里装满了骄傲，便再也容纳不了新知识、新经验和别人的忠言了。长此以往，事业或者止步不前，或者受挫，故古人云：“满招损，谦受益。”文艺复兴时期的大师达·芬奇也曾感叹道：“微少的知识使人骄傲，丰富的知识则使人谦逊，所以空心的禾穗高傲地举头向天，而充实的禾穗低头向着大地，向着它们的母亲。”

由此可见，保持一种空杯心态对于一个人长期的发展是多么的重要。海尔集团首席执行官张瑞敏说：“我们主张产品零库存，同样主张成功零库存。只有把成功忘掉，才能面对新的挑战。”海尔的年销售额数百亿元，但张瑞敏从未有一丝飘飘然的感觉，相反，他却时时处处向员工灌输危机意识，要求大家面对成功始终保持一种如履薄冰的谨慎。

人们问球王贝利哪一个进球是最精彩、最漂亮的，他的回答永远是“下一个”！成功仅代表过去，如果一个人沉迷于以往的成功，那他就再也不会进步。对于有远大志向的追求者来说，成功永远在下一次。保持“空杯”心态，才能不断发展创造新的辉煌。

空杯心态，其实就是一种虚怀若谷的精神，有了这种精神，人才能够不断进步，不断获得成功。

常怀空杯心态，放下多余的负担，生命自能轻松自在。

轻轻放下，才能更好地前行

我们每个人都是背着背囊在人生路上行走，负累的东西少，就能走得快，就能尽早接触到生命的真意。

丰子恺在谈到弘一法师为何出家时做了如下分析：

“我以为人的生活可以分作三层：一是物质生活，二是精神生活，三是灵魂生活。物质生活就是衣食，精神生活就是学术文艺，灵魂生活就是宗教——‘人生’就是这样一座三层楼。懒得（或无力）走楼梯的，就住在第一层，即把物质生活弄得很好，锦衣玉食、尊荣富贵、孝子慈孙，这样就满足了——

这也是一种人生观，抱这样的人生观的人在世间占大多数。其次，高兴（或有力）走楼梯的，就爬上二层楼去玩玩，或者久居在这里头——这就是专心学术文艺的人，这样的人在世间也很多，即所谓‘知识分子’‘学者’‘艺术家’。还有一种人，‘人生欲’很强，脚力大，对二层楼还不满足，就再走楼梯，爬上三层楼去——这就是宗教徒了。他们做人很认真，满足了‘物质欲’还不够，满足了‘精神欲’还不够，必须探求人生的究竟；他们以为财产、子孙都是身外之物，学术、文艺都是暂时的美景，连自己的身体都是虚幻的存在；他们不肯做本能的奴隶，必须追究灵魂的来源、宇宙的根本，这才能满足他们的‘人生欲’，这就是宗教徒。……我们的弘一大师，是一层层地走上去的……故我对于弘一大师的由艺术升华到宗教，一向认为当然，毫不足怪。”（《我与弘一法师》）

丰子恺认为，弘一法师为了探知人生的究竟、登上灵魂生活的楼层，把财产、子孙都当作身外物，轻轻放下，轻装前行。这是一种气魄，是凡夫俗子难以领会的情怀。

我们每个人都是背着背囊在人生路上行走，负累的东西少，就能走得快，就能尽早接触到生命的真意。遗憾的是，我们想要的东西太多太多了，自身无法摆脱的负累还不够，还要给自己增添莫名的烦忧。禅宗的一个公案讲述的就是这样一个故事：

希迁禅师住在湖南。禅师有一次问一位新来参学的学僧道：“你从什么地方来？”

学僧恭敬地回答：“从江西来。”

禅师问：“那你见过马祖道一禅师吗？”

学僧回答：“见过。”

禅师随意用手指着一堆木柴问道：“马祖禅师像一堆木柴吗？”

学僧无言以对。

因为在希迁禅师处无法切入，这位学僧就又回到江西见马祖禅师，讲述了他与希迁禅师的对话。马祖道一禅师听完后，安详地一笑，问学僧道：“你看那一堆木柴大约有多重？”

“我没仔细量过。”学僧回答。

马祖哈哈大笑：“你的力量实在太大了。”

学僧很惊讶，问：“为什么呢？”

马祖说：“你从南岳那么远的地方，背了一堆柴来，还不够有力气？”

仅仅一句话，这位学僧就当作一个莫大的烦恼执着地记在心中，从湖南一路记到江西，耿耿于怀不肯放下，难怪马祖会说他“力气大”。我们的心有多大的空间能承载下这些无意义的东西？

天空广阔能盛下无数的飞鸟和云，海湖广阔能盛下无数的游鱼和水草，可人并没有天空开阔的视野也没有海湖广阔的胸襟，要想能有足够轻松自由的空间，就得抛去琐碎的繁杂之物，比如无意义的烦恼、多余的忧愁、虚情假意的阿谀、假模假式的奉承……如果把人生比做一座花园，这些东西就是无用的杂草，我们要学会将这些杂草铲除。

放弃实权虚名，放弃人事纷争，放弃变了味的友谊，放弃失败的爱情，放弃破裂的婚姻，放弃不适合自己的职业，放弃异化扭曲自己的职位，放弃没有意义的交际应酬，放弃坏的情绪，放弃偏见、恶习，放弃不必要的忙碌、压力……勇敢大胆地放下，不要像故事里的那位学僧，把一句无关紧要的话压在心里不放下。如果不懂得放下，我们会比那位学僧更可悲，因为我们面对琐碎的生活，需要担起的烦恼，比他要多得多。

放下生命中无用的东西，放下太多的负重，才能更好地前行。

该提起时提起，该放下时放下

放下散乱的心，提起专注的心；放下专注的心，提起统一的心；放下统一的心，提起自在的心。

生活中，要做到收放自如，并非一件简单的事情。承担责任需要勇气，放

下也需要斩断妄念的魄力。

在唐代，有一位著名的禅僧布袋和尚。一天，有一位僧人想看看布袋和尚有何修为，问道：“什么是佛祖西来？”布袋和尚放下口袋，叉手站在那儿，一句话也没说。僧人又问：“只这样，没别的了吗？”布袋和尚又将布袋搭上肩，拔腿便走。那僧人看对方是个疯和尚，也就起身离去了。哪知刚走几步，却觉背上有人抚摸，僧人回头一看，正是布袋和尚。布袋和尚伸手对他说：“给我一枚钱吧！”

布袋和尚放下口袋，是在警示我们要放下，随即又布袋上肩，是在教我们拿起。有时我们需要放下，有时需要拿起，而我们却常常该拿起时拿不起，该放下时放不下。放下时不执着于放下，自在；拿起时不执着于拿起，也自在。

大多数人，总是提不起意志和毅力，也放不下成败；提不起信心和愿心，也放不下贪心和嗔心。他们渴望成功的辉煌，惧怕失败的窘迫，却又不能为了成功而坚定意志、付出努力；他们热衷于享乐，渴望获得而不愿付出，一旦愿望落空，便怨大尤人，怨恨搁在心中，挥之不去。这样的人，不肯接受他人的教导，难堪大任，期待他们去救济众生简直是妄想。

布袋和尚口袋的提起和放下看上去十分自然，实际上也是有所选择的，就像是我们在修行过程中，什么应该提起，什么应该放下，都不是灵光一现就能确定的。

首先，要把去恶行善的心提起，把争名逐利的心放下。“诸恶莫做，众善奉行，自净其意，是诸佛教”，名利的纠缠如毒蛇猛兽，只要贪心起，必定会招致厄运。古语云“嚼破虚名无滋味”，真正的智者应该不受虚名牵绊，也不为富贵诱惑。

其次，要把成己成人的心提起，把成败得失的心放下。成就自己的目的是为了成就别人，只有充实了自己，才能有足够的能力去帮助别人。在充实提高的过程中，失败是难免的，要能够在成功中积累经验，在失败中汲取教训，而并不只是沉醉在成功的快乐或者失败的痛苦中不能自拔。

最后，要把众人的幸福提起，把自我的成就放下。只有这样，才能时刻把世人的幸福挂在心上，而抛却自我的私念。

释迦牟尼成佛后，走在街上，遇见了一个愤怒的婆罗门。这个婆罗门对释迦牟尼有仇视的态度，他一直仇视佛教，已经到了疯狂的地步。他看到众生都这么尊敬释迦牟尼，心头更是难受，便生出一个毒计，想害死释迦牟尼。

他和众生一样，跟在释迦牟尼的身后，在释迦牟尼没有注意的时候，他蹑手蹑脚地靠近释迦牟尼的背后，趁释迦牟尼讲佛法的时候，便抓了两大把沙子，向释迦牟尼的眼睛扔去。

终究应准了那句话：善有善报，恶有恶报。就在沙子扔出去的那一瞬间，突然一阵风向婆罗门吹来，沙子全部都吹到婆罗门的眼中，他疼痛不已，倒在地上。

他气急败坏地在地上翻滚，整个脸都涨得通红。

众生看到这一幕，都嘲笑他，那个狠毒的婆罗门不得不向释迦牟尼跪下。

这时，释迦牟尼平静而洪亮的声音响起："如果想玷污或是陷害善良的东西，最终会伤害了自己，众生切记！婆罗门，你也起来吧。"

婆罗门听后感慨万千，也终于大彻大悟。

觉悟之前的婆罗门，并没有清醒地认识到什么是应该在乎的，什么是应该放下的，所以才会被自己的心魔所困，以致误入歧途。释迦牟尼面对提放已经自由自在，所以才能够平静面对心怀不轨的婆罗门，并诚恳地教诲他，使婆罗门得以开悟。

放下散乱的心，提起专注的心；放下专注的心，提起统一的心；放下统一的心，提起自在的心。唯有这样，才能放松身心，幸福也就会在这一提一放间到来。

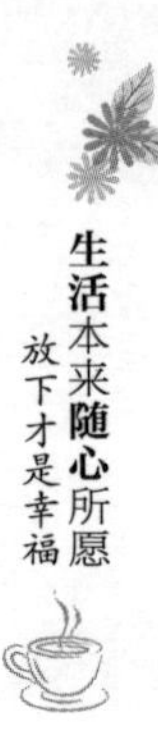

淡看得失，不必挂心

人要有所得，必然会有所失，只有当我们看淡得失，愿意舍弃一些东西的时候，我们才会得到更多。

关于得失，星云大师曾说道："世事无常，诸相皆空。如果我们有颗平常心，世间的一切，有也好，无也好，都看作镜花水月。有，固然可以生活无忧；无，也可以心灵自在，深入体会无垠、无边、无量。"

我国唐代大诗人杜甫也曾说："文章天下事，得失寸心知。"这句话的意思是说，文章是天下的大事，成败得失只有自己知道。对我们的人生来说，成败得失与烦恼快乐随时都会伴随着我们。不论人生得意，还是失意，我们都应当以乐观的心态来对待，这样我们才会在得意之时保持淡然的心态，在失意之时保持坦然的心态，只有一直以一颗平常心来对待生活，我们的人生才能活出境界。

人生的得到与失去，相辅相成，也正是因为这样我们的生活才会更丰富多彩。人们应该鼓励自己，去增加人生的价值和内涵，使人生物质世界和精神世界都更加富有和充实。面对失意的时候，应自我鼓励，只有拥有乐观的心态才会有新的希望。

有一个很古老的故事，说山里有一位以砍柴为生的樵夫，在他辛苦经营下，终于盖了一间木屋。有一天他外出去砍柴，房子起火了，邻居们纷纷帮忙救火。但是由于当时风势较大，根本救不下，所以大家眼睁睁地看着木屋被烧毁。当一切烧尽后，樵夫回来了，看到这种情况后，他一一谢过大家的帮忙，然后自己拿着一根棍子，跑到灰烬中去翻找一番，邻居们以为他是在找什么金银珠宝，就都在旁边默默地看着他。当樵夫从灰烬中走出来时，邻居们看到他手里拿着的是一柄砍柴的刀，他笑着说："只要有这柄柴刀，我还可以建造一间更好的木屋。”邻居们虽然觉得很可惜，但依然被他乐观的精神所感动，在大家的帮助下，樵夫很快又建起一间小木屋。

樵夫的故事给了我们一个启迪，用一句老话说就是“留得青山在，不怕没柴烧”。故事中的樵夫知道，自己的房子被烧了，这是客观现实，回避不了，那就必须面对；同时他也知道，悲伤是次要的，自己此时再伤心也不可能变出一间房子来，不如把握关键，找到谋生工具——柴刀才是重要的；生活中我们同样如此，经历过一些失败和坎坷后，我们只有乐观，才能振作，才能重新开始，如果自己先倒下了，那么就不会有后来的希望。因为故事中的樵夫有乐观的心态和坚定的决心，所以他才会有快乐幸福的生活。

人生是对立统一体。哲人说人生如车，其载重量有限，超负荷运行促使人生走向其反面。虽然人生的欲望无限，但我们只要学会辩证看待人生，看待得失，用减法减去人生过重的负担，学会放下，那样我们就会获得轻松和惬意。否则，过于看重得失，内心的负担太重，那么，人生就将不堪重负，苦不堪言。

美国的开国之父华盛顿，在第二届总统任期届满时，全国“劝进”之声四起，但他以无比坚强的意志坚持卸任，完成了人生的一次具有重要意义的“失去”，至今美国人民仍自豪于华盛顿为美国建立的制度。华盛顿的人生哲学值得我们去思考，他失去了所谓的权位，却换来了更多的“得”——良好的制度，人民的爱戴，自己内心的清静……

其实，人要有所得，必然会有所失，只有当我们看淡得失，愿意舍弃一些东西的时候，才会得到更多。

有一个小和尚问老和尚：“都说僧人是皈依佛门，四大皆空，讲究一种虚静。那么我们来世上一遭，究竟为了什么呢？”

“为了自己的心呀。”老和尚慈爱地开导小和尚说，“世界上属于我们的太多太多了，自由的身心、超脱的意念，以及蓝天白云，还有美不胜收的山山水水。”

老和尚看那小和尚一脸困惑的样子，于是又详细地补充说：“当一个人四

大皆空时，这世间的一切都是他的了。见山是山，见水是水，我们梦游四海、思度五岳，那么人生还有什么不可企及的呢？”

小和尚听完后似懂非懂地说：“那尘世间的人们不也拥有这些东西吗？”

老和尚说：“不是那样的，尘世间的有钱的人，在他的心中只会想拥有更多的钱；有宅第的人，心中只会想有更多的宅第；有权势的人，心中只会想拥有更多的权势……他们在拥有某项事物的同时，自己也就失去了这项事物之外的所有事物。”

小和尚听完后看着眼前的山水云月，思考了一会儿后，脸上展现出舒心的笑容。

的确，是得是失，关键是看人们如何把握自己的内心，把握自己的人生。如果能够看淡得失，那么，我们就会发现，人生会更有意义，我们的品格会变得更高尚，快乐也会频频眷顾我们。

第二章 生活本来随心所愿

尝试回到人生的原点
保持自己的独立和本色
身无分文，也可以开心快乐
不拿别人的标准来衡量自己
遵循生命自然的方式，随性生活
量力而行，了解自己
剔除生命杂质，追随快乐的脚步

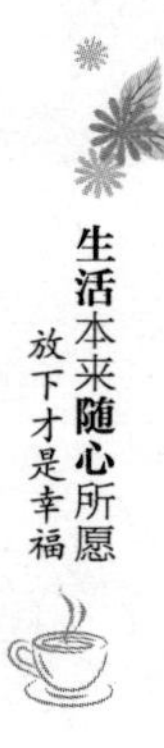

尝试回到人生的原点

对于那些惯于享受欢呼与掌声的人而言，他们一旦从高空中掉落下来，就像是艺人失掉了舞台，将军失掉了战场，往往因为一时难以适应，而陷入绝望的谷底。

人们习惯于对爬上高山之巅的人顶礼膜拜，实际上，能够及时主动从光环中隐退的下山者也是“英雄”。

有多少人把“隐退”当成“失败”。非常多的例子显示，对于那些惯于享受欢呼与掌声的人而言，他们一旦从高空中掉落下来，就像是艺人失掉了舞台，将军失掉了战场，往往因为一时难以适应，而陷入绝望的谷底。

心理专家分析，一个人若是能在适当的时间选择做短暂的“隐退”（不论是自愿还是被迫），可能是一个很好的转机，因为它能让你留出时间观察和思考，使你在独处的时候找到自己真正的内心世界。

离开自己当主角的舞台，可防止自我膨胀。虽然失去掌声令人惋惜，但往好的一面看，心理专家认为，“隐退”就是进行深层学习，挖掘自己的潜力，重新上发条，平衡日后的生活。当你志得意满的时候，是很难想象没有掌声的日子的，但如果你要获得持久的掌声，就要懂得享受“隐退”。

40岁那年，欧文从人事经理被提升为总经理。三年后，他自动“开除”自己，舍弃“总经理”的头衔，改任没有实权的顾问。

正值人生最巅峰的阶段，欧文却奋勇地从急流中跳出，他的说法是：“我不是退休，而是转进。”

“总经理”三个字对多数人而言，代表着财富、地位，是事业、身份的象征。然而，短短三年的总经理生涯，令欧文感触颇深的，却是诸多的“无可奈何”与“不得而为”。

他全面地打量自己，他的工作确实让他过得很光鲜，周围想巴结自己的人更是不在少数，然而，除了让他每天疲于奔命，穷于应付之外，他其实活得并不开心。这促使他决定辞职，“人要回到原点，才能更轻松自在。”他说。

辞职以后，司机、车子一并还给公司，应酬也减到最低。不当总经理的欧文，感觉时间突然多了起来，他把大半的精力拿来写作，抒发自己在广告领域多年的观察与心得。

“我很想试试看，人生是不是还有别的路可走。”他笃定地说。

事实上，欧文在写作上很有天分，而且多年的职场经历给他积累了大量的素材。现在欧文已经是某知名杂志的专栏作家，期间还完成了两本管理学著作，欧文迎来了他的第二个人生辉煌。

事实上，“隐退”很可能只是转移阵地，或者是为了下一场战役储备新的能量。但是，很多人认不清这点，反而一直缅怀着过去的光荣，他们始终难以忘怀“我曾经如何如何”，而不去考虑将来该如何。

一个不受过去干扰的人，就像画家手中的一张干净的纸，更能画出美妙的图画来。

保持自己的独立和本色

做人一定要学会独立思考，学会自己拿主意，不能盲目地附和别人。

天地之间，人类是最具感性的动物，往往由于感性的冲动，受他人的迷惑，沉沦于贪欲之中。因此，做人一定要学会独立思考，学会自己拿主意，不能盲目地附和别人。

大梅禅师学了很多年禅，尽管他学习十分努力，但是一直没有悟道。有一天，他去请教马祖禅师：“佛是什么？”马祖禅师回答：“即心即佛。”大梅

禅师恍然大悟。

开悟后，大梅禅师离开了马祖禅师，下山弘扬佛法。当马祖禅师听说大梅禅师开悟的时候，不太相信，心想："以前他学了那么多年佛法，怎么一下子就开悟了呢？且叫一个人去试他！"于是马祖禅师派自己的弟子前去试探大梅禅师。

这个人见到大梅禅师，就问道："师兄，师父说了什么话让你顿悟了呢？"

大梅禅师回答："即心即佛。"

这个人说："师父现在已经不说'即心即佛'了！"

大梅禅师惊奇地问道："哦！那他现在说什么？"

那个人说："师父现在经常说'非心非佛'。"

大梅禅师听了以后，笑着说："这个老和尚，不是存心找人麻烦吗？我才不管他的什么'非心非佛'，我依然坚持我的'即心即佛'。"

这个人回去将事情的经过告诉了马祖禅师，马祖禅师激动地说："梅子真的成熟了。"意思是说，大梅禅师真的是开悟了。

人应该有自己的主见，坚信自己是正确的，做一个自信、自主、自尊的人；不要人云亦云，被别人，被那些声色犬马、名利权位牵着鼻子走路。

其实，人心都向往快乐无忧，期盼日日是好日，然而现代人的烦恼却与日俱增，压力和焦虑不断袭来。今天的社会已与古代社会有很大不同，然而就人的心理、情绪而言，古今仍有许多相通之处：喜欢随波逐流，人云亦云，这种精神负担使得人们放不下世俗的观念，劳心费力地争相追逐那些大家都追捧却对自己毫无意义的东西。

的确，现代人自投罗网的原因之一，就是放不下的事情太多了。每个人的口袋里都有一大串钥匙，未必锁得住财富，锁住了自己倒是真的。必须以布袋和尚放下包袱的精神毅然放下负担，我们才能拥有真实的生命和自由自在的生活。

黄龙慧南禅师问身旁的侍者："你相信吗？"

侍者急忙放下手中的《华严经》，不巧碰倒了桌上的茶水，茶水弄湿了衣衫也顾不得擦拭，忙着答道：“相信。”

“百千三昧，无量法门，合成一句话说给你听，你相信吗？”

侍者更不敢大意了：“能得师父教诲，岂敢不信？”

黄龙禅师点点头，伸手指着左边说：“走到这儿来。”

侍者整整衣衫，起身，恭恭敬敬要走……

黄龙禅师忽然低声呵斥道：“随声逐色，有什么了结的时候？人云亦云，何时了了？出去！”说完，闭上眼睛。侍者不知所从，黯然低头走出方丈室。

在殿角，遇见值殿的师兄，忍不住诉苦。值殿师兄听了侍者如此这般的诉说，眼光一亮：“我懂了，师父是在考验你对佛法的体悟。百千经典、山河大地，都是佛法，你要有自己的取舍，才能解脱，处处无乖张。你看我的……”说完，拉着侍者走回方丈室，敲门、进入……

黄龙禅师含笑望着两人，问值殿徒弟：“百千三昧，无量法门，合成一句话说给你听，你相信吗？”

“怎敢不信！”

黄龙禅师笑着点点头，指着右边：“走到这里来。”

值殿徒弟面带微笑，却稳站在原地未移动。黄龙摇摇头，手一拂：“你来亲近我，反而不听我的话，出去！”值殿徒弟僵持原地，与侍者瞠目以对，无奈地离去。门一关，松林里的知了叫了起来，黄龙禅师悠悠笑了。

几天后，黄龙慧南开示大众：“有一人，朝看华严，暮看般若，昼夜精勤，无有暂舍；有一人，不参禅，不论义，把个破席日里睡。此二人同到黄龙，一人有为，一人无为，且道：安下哪个得是？”

看没有人回答，黄龙禅师才点破：“满天佛法，救不了你黑暗的心灵。愚痴的执着，是你的暗狱。”

的确，做人不能随波逐流，人云亦云，如果我们能够保持自己的独立和本色，不为外界所动摇、所迷失，打开慧眼，一切迷惘均被抛开，山河大地也就廓然一清。而我们对于以往的愚痴、执着与荒唐，一定会哑然失笑。由于心灵的跃升和精神的解缚，生命会展现出新的境界。一切都有了改变，其中也包括价值标准在内的东西。

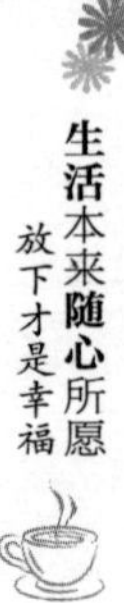

身无分文，也可以开心快乐

镶嵌在棺木上的珍珠玛瑙远不如一句真诚赞美的墓志铭更有意义。

我们一向以为，浪漫只是有钱人的专利，他们可以用鲜花、烛光、音乐来营造出如梦如幻的多彩世界，却没有想到还有境界高的人不需要金钱就可获得快乐。作为一个清贫者，应调整好自己的心态，按照自己的理想生活。如果心态平和，采取适当的方式，即使我们身无分文，也可以开心快乐。

一天中午，太阳火辣辣地炙烤着大地，阳光刺眼，大街上没几个行人，晓芸独自从天桥边走过，看见一个小伙子在吃力地背着个姑娘上天桥，小伙子的额头上渗出细密的汗珠。像这样的事，晓芸平时见多了，所以她开始时并没有太在意。但是当她从他们身边走过的那一瞬间，她突然感到那男孩子的两腿抖得厉害，不像平时遇到的那种玩闹的恋人。于是晓芸走上前去帮忙搀扶，问男孩：“她生病了吧？是去医院吗？怎么不打车？”男孩只是低头不语。

来到天桥上，姑娘忽然大笑起来，男孩一边擦脸一边忙向晓芸道歉：“对不起，谢谢您，我们是在玩游戏。”

“什么？”晓芸尴尬中有些恼怒。

姑娘好久才止住笑，上前解释道：“今天是我们结婚三周年纪念日，我们特意来逛街，本想买点东西庆祝，不过都太贵了，舍不得钱。于是想起以前上学时读过的一篇文章，文章里的主人公就是用这种方式来纪念他们的结婚周年的。于是我们便照做了。”

“我们没有钱，我不让他买什么礼物做纪念，他有的是力气，所以我才让他背我上天桥，一趟算一年，才背了一个来回，他就累成这样了。若是将来我们结婚三十周年，四十周年，我还让他背我那么多个来回，他还得背……”

姑娘一边心疼地为男孩拭着额头的汗珠，一边又笑了起来。

如果不是亲眼见证，晓芸怎么都不敢相信，这样贫穷的两个人，却能过得这么开心。

幸福从未明码标价，就像上述故事中的那对小情侣，没有钱也可以获得幸福。所以，那些把追求财富作为追求幸福的人是多么的愚蠢。耗尽一生的精力追求而来的物质财富并不能买来幸福，与其在临死之时带着遗憾而去，不如在有生之年把这些物质的财富转化为内心的珍宝。镶嵌在棺木上的珍珠玛瑙远不如一句真诚赞美的墓志铭更有意义。

一对青年男女双双步入了婚姻的殿堂，甜蜜的爱情高潮过去之后，他们开始面对日益艰难的生计。妻子整天为缺少财富而郁郁寡欢，他们需要很多很多的钱，一万，十万，最好有一百万。有了钱才能买房子，买家具家电，才能吃好的穿好的……可是他们的钱太少了，少得只够维持最基本的日常开支。她的丈夫却是个很乐观的人。丈夫不断寻找机会开导妻子。

有一天，他们去医院看望一个朋友。朋友说，他的病是累出来的，常常为了挣钱不吃饭不睡觉。回到家里，丈夫就问妻子："下次如果给你钱，但同时让你跟他一样躺在医院里，你要不要？"妻子想了想，说："不要。"

过了几天，他们去郊外散步。他们经过的路边有一幢漂亮的别墅。从别墅里走出来一对白发苍苍的老者。丈夫又问妻子："假如现在就让你住上这样的别墅，同时变得跟他们一样老，你愿意不愿意？"妻子不假思索地回答："我才不愿意呢。"

他们所在的城市破获了一起重大团伙抢劫案。这个团伙的主犯抢劫现钞超过一百万，被法院判处死刑。罪犯押赴刑场的那一天，丈夫对妻子说："假如给你一百万，让你马上去死。你干不干？"妻子生气了："你胡说什么呀？给我一座金山我也不干！"丈夫笑了："这就对了。你看，我们原来是这么富有：我们拥有生命，拥有青春和健康，这些财富已经超过了一百万，我们还有靠劳动创造财富的双手，你还愁什么呢？"妻子把丈夫的话细细地品味了一番，也变得快乐起来。

如果你没有足够的物质财富，也不必悲伤，幸福与否从来都不是靠物质财富来衡量的。如果你拥有足够的财富，那么请你珍惜你的财富，帮助那些需要帮助的人。

一个认清了生命本质的人从不会热衷于囤积财富，对他来说，财富的目的只是为了证明自己的价值而已。这样的人知道外在的财富都是过眼浮云，内在的财富才是永远的财富。精神与物质二者孰重孰轻，是追求万贯家财还是寻求内心的宁静？只有参透人生的人才能给出适当的答案。

不拿别人的标准来衡量自己

一个人活在别人的标准和眼光之中是一种痛苦，更是一种悲哀。

人生来时双手空空，却要让其双拳紧握；而等到人死去时，却要让其双手摊开，偏不让其带走财富和名声……明白了这个道理，人就会对许多东西看淡。幸福的生活完全取决于自己内心的简约，而不在于你拥有多少外在的财富。

18世纪法国有个哲学家叫戴维斯。有一天，朋友送他一件质地精良、做工考究、图案高雅的酒红色睡袍，戴维斯非常喜欢。可他穿着华贵的睡袍在家里踱来踱去，越踱越觉得家具不是破旧不堪，就是风格不对，地毯的针脚也粗得吓人。慢慢地，旧物件挨个儿更新，书房终于跟上了睡袍的档次。戴维斯穿着睡袍坐在帝王气十足的书房里，可他却觉得很不舒服，因为“自己居然被一件睡袍胁迫了”。

戴维斯被一件睡袍胁迫了，生活中的大多数人则是被过多的物质和外在的成功胁迫着。很多情况下，我们受内心深处支配欲和征服欲的驱使，自尊和虚荣不断膨胀，着了魔一般去同别人攀比，谁买了一双名牌皮鞋，谁添置了一套高档音响，谁交了一位漂亮女友，这些都会触动我们敏感的神经。一番折腾下来，尽管钱赚了不少，也终于博得别人羡慕的眼光，但除了在公众场合拥有光鲜和热闹以外，我们过得其实并没有别人想象得那么好。

一定意义上来说，人都是爱好虚荣的，不管自己幸福不幸福，常常为了让别人羡慕就很满足，往往忽视了自己内心真正想要的是什么，常常被外在的事情所左右。不论别人幸福与否，他们的生活都与你无关，而你将自己的幸福建立在与别人比较的基础之上，活在别人的眼光中，这注定了不幸福。幸福不是别人说出来的，而是自己感受到的，人活着不是为别人，更多的是为自己。

男主人公的老婆看到邻居小马家卖了旧房子在闹市区买了新房，眼红了，也非要在闹市选房子，并且一定要和小马住同一栋楼，而且一定要选比小马家房子大的那套。当邻居问起的时候，她就很自豪地说："不大，一百多平方米，只比304室小马家大那么一点！"气得小马老婆灰头土脸的。

过了几天，小马的老婆开始逼小马和她一起减肥，说是减肥之后，他们家的房子实际面积一定不会比男主人公家的小，男主人公又开始担心自己的老婆知道后会不会让他一起减肥……

这个故事我们看起来荒唐可笑，却时常在我们的生活中发生。人将自己陷入一个不断与人比较的困境中，被自己生活之外的东西所左右，岂不是很可悲？

一个人活在别人的标准和眼光之中是一种痛苦，更是一种悲哀。人生本就短暂，真正属于自己的快乐更是不多，为什么不能为了自己而完完全全、真真实实地活一次？

当我们把追求外在的成功或者"过得比别人好"作为人生的终极目标的时候，就会陷入物质欲望为我们设下的圈套。它像童话里的红舞鞋，漂亮、妖艳而充满诱惑，一旦穿上，便再也脱不下来。我们疯狂地转动舞步，一刻也停不下来，尽管内心充满疲惫和厌倦，脸上还得挂着幸福的微笑。当我们在众人的喝彩声中终于以一个优美的姿势为某段人生之路画上句号时，才发觉这一路的风光和掌声，带来的竟然只是说不出的空虚和疲惫。

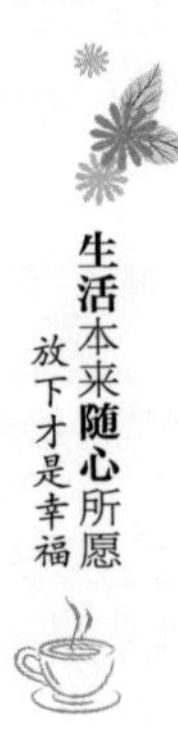

遵循生命自然的方式，随性生活

生命，那是自然付给人类去雕琢的宝石。

有的时候，在都市里生活久了，高节奏步调只会带给我们更多的不满：为什么我长得没有别人漂亮？为什么我没有好的工作？为什么我不能住上大房子……对这个世界如果你有太多的抱怨，跌倒了就不敢继续往前走。多少人为生命在努力勇敢地走下去，我们是不是该知足，珍惜一切？是啊，生活中，不可能凡事都那么容易，如果一切都来得那么顺理成章，生活还有什么味道呢？不要去抱怨生活，因为生活根本不知道你是谁，珍惜一切，哪怕自己没有拥有过。

这个世界，总是处在因果循环中，有得必有失，有福必有祸，有生必有死，既然是这样，很多东西我们是无法去左右的，比如说时间和生命，那我们为什么还不顺其自然，把握今天？

我们之所以总会不快乐，总会有这样那样的抱怨，是因为活得不够单纯；我们总是想把更多的东西抓在手中，结果负担太重，活得气喘吁吁。有的人奔忙了一辈子，却没有思考人生的意义在哪里，到头来不是在为自己而活，而是为世俗活着，这样的人生也未免太过悲哀。我们不能太苛求自己，偶尔给自己的心放个假。一杯茶，一本小说，一个阳台，轻松自然地享受片刻的宁静，过自己想要的生活，难道还担心快乐不会来临吗？自然而然，不求甚多，放下烦恼，拾起欢乐，活着就那么简单。

上天给了人生活在这个世界上的机会，生命本身就应该有一种意义，怎么能让自己白白来一场呢？我们虽然不能选择天生的外貌、家庭、环境，等等，但是，我们可以用自己的双手去创造奇迹，国学大师南怀瑾先生几次都说，每个人都有天然的生命，每个人的身体形貌都是独立的，各有独自的精神。走自己的路，让别人去说吧。

“宠辱不惊”这四个字来源于唐代一个真实的故事。

一人名唤卢承庆，字子余，为考功员外郎，专司官吏考绩，因其秉事公正，行事尽责，广受赞誉。

一次，有个官员发生了粮船翻沉的事故，应受到惩罚，于是他给这个官员评定了个“中下”的评语，并通知了本人。那位受到惩处的官员听说后，没有提出意见，也没有任何疑惧的表情。

卢员外郎继而一想：“粮船翻沉，不是他个人的责任，也不是他个人能力可以挽救的，评为‘中下’可能不合适。”于是就改为“中中”等级，并且通知了本人。那位官员依然没有发表意见，既不说一句虚伪的感激的话，也没有什么激动的神色。卢员外郎见他这般，非常称赞，脱口称道：“好，宠辱不惊，难得难得！”于是又把他的考绩改为“中上”等级。

宠辱不惊，这是一种乐观豁达、顺其自然的态度，正所谓“命里有时终须有，命里无时莫强求”，凡事看得开一点，处变不惊，一时成败难以论英雄，好与坏都会过去，保持一个好心情是最重要的。所以，成功时切莫骄傲，失败时也不必气馁。平常心，自然处之。

随着人慢慢地成长，人心会越来越复杂。不以物喜，不以已悲，保持一种自然的生活态度，不要被外在的环境左右了自己的抉择，便会懂得生命纯真的欢乐。人生当中，许多时候，我们并没有机会和时间进行抉择，只需遵循生命自然的方式，随性生活便好。所谓的随性，并不是随便，而是不躁进、不过度、不强求，是把握机缘，不悲观、不慌乱、不忘形。

量力而行，了解自己

量力而行是一种智慧，是对自己与周围环境的了解，是用最少的力量取得最大的成绩。

懂得知足的人往往会量力而行，他会仔细斟酌自己一天至多能行多远，

深思熟虑之后才去安排行程。尤其是走一条从没走过的道路，他会花费更多的心思去衡量：何处崎岖、何处坎坷、何处严寒、何处酷热，他都要弄得一清二楚。不管别人给他施加多少压力，或者前方有多少诱惑，他都不急不躁，沿着既定的路线而行。

蒋方初到广州时，曾为找工作奔波了好长一段时间，起初他见几个跑业务的同学业绩不俗，赚了不少钱，学中文专业的他便找了家公司做业务员，然而辛辛苦苦跑了几个月，不但没赚到钱，人倒瘦了十几斤。同学们分析说："你能力不比我们差，但你的性格内向，不爱与人交谈、沟通，不善交际，因此不太适合跑业务……"

后来蒋方见一位在工厂做生产管理的朋友薪水高、待遇好，便动了心，费尽心力谋到了一份生产主管的职位，可是没做多久他就因管理不善而引咎辞职了。之后，蒋方又做过公司的会计、餐厅经理等，最终出于各种原因都被迫离职跳槽。

最后，蒋方痛定思痛，吸取了前几次的教训，不再盲目追逐高薪或舒适的职位，而是依据自己的爱好和特长，凭借自己的中文系本科学历和深厚的文字功底，应聘到一家刊物做了文字编辑。这份工作相比以前的职位，虽然薪水不高，工作量也大，但蒋方做得非常开心，工作起来得心应手。几个月下来，他就以自己突出的能力和表现令领导刮目相看，器重有加。

回顾以往的工作历程，蒋方深有感触地说："无论是工作，还是生活，我们都应当根据自己的能力找到适合自己的位置。一味地追逐高薪、舒适的工作，曾让我吃尽了苦头，走了不少弯路。事实上，我们无论做什么事都应结合自身条件，依据自己的爱好和特长去选择相应的事来做。放弃那些不适合自己的生活，我们的生活才会快乐。"

就如同故事里的蒋方，很多人都是受到了生活的诱惑，总觉得自己有能力可以获取更多，可是事实是我们还不具备那样的条件。贪图诱惑，朝着更大的目标行进，只会加大我们的压力，让自己无法适从。

生活中，很多人看到了巨大的利益，所以不停地调整自己的奋斗路线，甚至急躁地想要直奔利益的终点，可是急于求成的人往往事倍功半。还有一些人，整天都在为将来的事情操心，可能几十年以后才面对的难处，他们现在就开始忧心忡忡了。但是命运只肯按照现实的样子，向我们展示生活，根本不可能因为我们的急躁就提前向我们展开未来的画卷。所以，我们只能按照自己既定的生活之路，一步一步地为未来打开局面。

还有些人不知量力而行，认识不到自己的弱点，总是在做一些超过自身能力所及的事情，结果可想而知。

我们不是天才，更不是力挽狂澜的伟大人物，我们中的绝大多数可能只是普通的人，许多事超过我们的能力范围，我们当然不能做一个不自量力的傻瓜，因此凡事尽力而为的同时也要量力而行。在我们树立高远目标的同时，也要清楚自己的能力，不好高骛远，也应避免鼠目寸光。

有一位武术大师隐居于山林中。由于他的名声，人们都千里迢迢来拜访他，想跟他学些武术方面的窍门。他们到达深山的时候，发现大师正从山谷里挑水。

他挑的不多，两只水桶都没有装满水。按他们的想象，大师应该能够挑很大的桶，而且挑得满满的。他们不解地问："大师，这是什么道理？"

大师说："挑水之道并不在于挑多，而在于挑得够用。一味贪多，适得其反。"

众人越发不解。大师从他们中拉了一个人，让他重新从山谷里打了两满桶水。那人挑得非常吃力，没走几步，就跌倒在地，水全都洒了，那人的膝盖也摔破了。

"水洒了，岂不是还得回头重打一桶吗？膝盖破了，走路艰难，岂不是比刚才挑得还少吗？"大师说。

"那么大师，请问具体挑多少，怎么估计呢？"

大师笑道："你们看这个桶。"众人看去，大师在桶里画了一条线。

大师说："这条线是底线，水绝对不能高于这条线，高于这条线就超过了自己的能力和需要。起初还需要画一条线，挑的次数多了以后就不用看那条线了，凭感觉就知道是多是少。这条线可以提醒我们，凡事要尽力而为，也要量

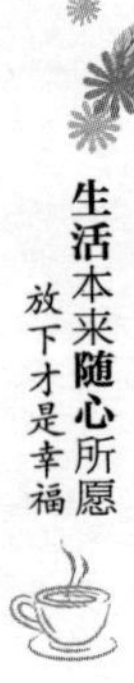

力而行。”

众人又问：“那么底线应该定多低呢？”

大师说：“一般来说，越低越好，因为低的目标容易实现，人的勇气不容易受到挫伤，相反能培养起更大的兴趣和热情，循序渐进，自然会挑得更多、挑得更稳。”

量力而行是一种智慧，是对自己与周围环境的了解，是用最少的力量取得最大的成绩。

也许我们平时会把某个目标定得很高，不过真正实行起来还是要量力而行，不能为了所谓的面子或其他原因勉强自己，否则多半会令自己后悔不已。在明知自己可能做不到的情况下还固执地前行，不是执着而是愚蠢。就像天才与傻瓜只有一线之隔一样，执着与愚蠢往往也只有一线之差。一件事情遇到困难该坚持的时候，你放弃了，距离成功只有一步之遥；另一种是方向错了，明明早就该“弃暗投明”，你还是不撞南墙不回头，这是固执的愚蠢，不是执着的坚定。

剔除生命杂质，追随快乐的脚步

剔除生命杂质，行走在青山绿水之间，且听风吟，了无牵挂，快乐盈心。

快乐是一种身心愉快的状态，离苦得乐，是人最本质的需要。快乐很简单，它与一个人的财富、地位、名气无关，它不需要大量的金钱去支撑，也不需要以名气为后盾，更不需要乌纱帽来提携。相反，快乐只与一个人的内在有关，物质财富的获得可能让人获得快乐，可是处理不当则会成为人生的负累，生活从此远离快乐，永无宁日。

从前在峨眉山下有一个樵夫，他长年累月都以打柴为生，早出晚归，风餐露宿，但是家里仍然常常揭不开锅。于是他老婆天天到佛前烧香，祈求佛祖慈悲，让他们脱离苦海。

真是苍天有眼，大运降临。有一天樵夫在大树底下挖出了十八个金罗汉。转眼间，他就变成了百万富翁。于是他买房置地，宴请宾朋，好不热闹。亲朋好友也都像是一下子从地下冒出来似的，纷纷前来向他表示祝贺。

按理说樵夫应该非常满足了，现在终于知道荣华富贵是什么滋味了。可是他只高兴了一阵子，就开始愁眉苦脸，吃睡不香，坐卧不安了。他的妻子看在眼里，劝他说："现在我们还有十七个金罗汉，吃穿不愁，又有良田美宅，你为什么还是愁眉苦脸的呢？你这个丧气鬼，天生就是个受穷的命！"

樵夫听到这里，不耐烦地说："你个妇道人家懂得什么？我们得了金罗汉的事情，人人都知道了。如果有人来偷来抢怎么办？我是愁没有最好的地方来藏它们。"妻子听过之后也觉得有理。于是夫妻二人开始找藏金罗汉的好地方。可是无论何地他们都觉得不安全，结果就这样天天找，天天担心，生活没有一刻能宁静。

人生在世，名利钱财都是身外之物，即使时时刻刻永不停息、永无止境地去追求和索取它，也不会有满足的时候。相反，一味地追求反而丢失了生活的宁静与快乐，真是得不偿失。

快乐只是内心深处的富足，它像一缕清纯的阳光，既可以照亮自己，也可以照耀周围的人。

美国哲学家桑塔亚那说："快乐是生命唯一的意义，没有快乐的地方，人类的生活会变得疯狂而可怜。"当我们哀叹命运不公、抱怨时运不济时，以为只有得到名利才快乐，那真是一件可悲的事情。快乐其实很简单，它就住在每个人的心里，不过，需要我们用心寻找。

传说某一天，上帝闲来无事，和天使们聊天。他突发奇想，说："我要人类在付出一番努力之后才能找到幸福快乐，我们把人生幸福快乐的秘密藏在什么地方比较好呢？"

第一位天使想了想，说："把它藏在高山上，这样人类肯定很难发现，非

得付出很多努力不可。”

上帝听了摇摇头。

另一位天使跟着说：“把它藏在大海深处，人们一定发现不了。”上帝听了还是摇摇头。

这时，又有一位天使说：“我看哪，还是把幸福快乐的秘密藏在人类的心中比较好，因为人们总是习惯向外去寻找，而从来没有人会想到在自己身上去挖掘这幸福快乐的秘密。”

上帝听了这个回答，拍手称快，并采纳了这位天使的建议。

从此，这幸福快乐的秘密就藏在了每个人的心中。

确实，只有心才是快乐的根。

快乐不是霓虹灯下的买醉，不是一掷千金的快感。不放纵生命，不麻醉灵魂，珍惜生命的点点滴滴，才是快乐；拥有一颗感恩的心，感激生命，感激阳光雨露，忘却曾经的苦痛，快乐之情会油然而生；历尽沧桑后，宠辱不惊，不为利驱，不为名逐，不为情惑，快乐是看花开花落、云卷云舒的散淡安然。

如果我们希望有所成就并且生活得逍遥自在、豁达明朗，首先要努力使自己成为一个有道德教养的人，一个有良好品格的人，一个有丰富心灵的人，一个有益于他人的人，这样才能有效地防止那些使人沮丧和紧张的因素，从而充分享受工作和生活本身蕴含的乐趣。剔除生命杂质，行走青山绿水之间，且听风吟，了无牵挂，快乐盈心。在任何情况下保持一种“临清风，对朗月，登山泛水，肆意酣歌”的心境，陶陶然乐在其中，不亦快哉！

第三章 珍惜现在拥有的幸福

幸福不曾走远，就在当下
人生苦短，把握此刻
拥有的，就是最好的
最重要的时间就是现在
让所有美好在此刻绽放
在当下的一刹那收获成功

幸福不曾走远，就在当下

逝去的如昙花一现，转瞬成灰，只刻在记忆中；未来如雾里看花，虚虚实实无法把握；聪明的人只会认真把握转瞬即逝的现在。

很多时候，我们无法超越自己，无法从痛苦忧伤的情绪中摆脱出来，就是因为容易走回头路，所以过去的不能遗忘，现在的不能牢记，往事压心头，百折千回，就好像刚刚学会走路的小孩，两条腿总习惯于往后倒退，结果很长时间不能向前迈开一步，只能由大人牵着向前蹒跚而行。

对于过去发生的事情，我们无能为力。至于未来，它还没有发生，我们对于它的一切不过是想象。只有此刻，才是最真实的，也只有抓住此刻，才是最幸福的，才是最懂得疼爱自己的。

曾任英国首相的劳合·乔治有一个习惯——随手关上身后的门。有一天，乔治和朋友在院子里散步，他们每经过一扇门，乔治总是随手把门关上。“你为什么每次都要关上这些门呢？”朋友很是纳闷。

“这对我来说是很必要的。”乔治微笑着说，“我这一生都在关我身后的门。你知道，这是必须做的事。关上身后的门，也就意味着将过去的一切都关在了门外，不管是美好的成就，还是不太美妙的回忆，然后，你又可以重新开始。”朋友听后，对乔治的智慧很是佩服。

“我这一生都在关我身后的门！”多么经典的一句话！漫步人生，我们难免会经历一些风吹雨打，心中多少要留下一些心痛的回忆。我们需要总结昨天的失误，但我们不能对过去的失误和不愉快耿耿于怀。伤感也罢，悔恨也罢，都不能改变过去，不能使自己更聪明、更完美。如果总是背着沉重的怀旧包袱，为逝去的流年感伤不已，那只会白白耗费眼前的大好时光，也就等于放弃了现在和未来。抛开过去，就在今天全部归零，我们才能整装待发，快乐出行。

我们的生活中常有这种事情：来到跟前的往往轻易放过，远在天边的却又苦苦追求；占有它时感到平淡无味，失去它时方觉可贵。可悲的是，这种事情经常发生，我们却依然觊觎那些“得不到”的，跌入这种“得不到的总是最好的”的陷阱中，遗失了我们身边的宝贝。

从前，有一个人，他生前善良且热心助人，所以在他死后，升上天堂，做了天使。他当了天使后，仍时常到凡间帮助人，希望感受到幸福的味道。

一日，天使遇见一个农夫，农夫的样子非常苦恼，他向天使诉说：“我家的水牛病死了，没它帮忙犁田，那我怎能下田作业呢？”

于是天使赐他一头健壮的水牛，农夫很高兴，天使在他身上感受到幸福的味道。

又一日，天使遇见一个男人，男人非常沮丧，他向天使诉说：“我的钱被骗光了，没盘缠回乡。”

于是天使给他银两做路费，男人很高兴，天使在他身上感受到幸福的味道。

又一日，天使遇见一个诗人，诗人年轻、英俊、有才华且富有，妻子貌美而温柔，但他却过得不快活。

天使问他：“你不快乐吗？我能帮你吗？”

诗人对天使说：“我什么也有，只欠一样东西，你能够给我吗？”

天使回答说：“可以。你要什么我都可以给你。”

诗人直直地望着天使：“我要的是幸福。”

这下子把天使难倒了，天使想了想，说：“我明白了。”然后把诗人所拥有的都拿走了。

天使拿走诗人的才华，毁去他的容貌，夺去他的财产和他妻子的性命。

天使做完这些事后，便离去了。

一个月后，天使再回到诗人的身边，他那时饿得半死，衣衫褴褛地躺在地上挣扎。

于是，天使把他的一切还给他。

然后，又离去了。

半个月后，天使再去看诗人。

这次，诗人搂着妻子，不住向天使道谢。

因为，他得到幸福了。

每个人都可以享受生活的幸福，因为幸福从来不曾走远，而就在当下。有的人会把现时的平安和喜乐看作是上帝的一种恩赐，怀着感恩的心情去享用，而还有的人则会把手中的喜乐随意丢弃，就如同故事中的诗人一样，即使已经拥有了很多幸福的事物，他却一点也看不见，还在为了那些没有得到的东西而不停地抱怨。很多人只懂得为错过的太阳流泪，却眼睁睁地看着群星从眼前消失，最后，一切都成云烟，一切都成虚无。

逝去的如昙花一现，转瞬成灰，只刻在记忆中；未来如雾里看花，虚虚实实无法把握；聪明的人只会认真把握转瞬即逝的现在。由此可见，珍惜你拥有的一切，享受现时的平安和喜乐，幸福就在当下。

人生苦短，把握此刻

唯有认真地活在当下，才是最真实的人生态度。

“对酒当歌，人生几何。譬如朝露，去日苦多。”曹操在《短歌行》中就曾感叹人生苦短，要及时行乐。延伸开来，就是告诫我们人生苦短，要好好把握当下。

所谓“当下”就是指：你现在正在做的事、待的地方、遇见的人；“活在当下”就是要你把关注的焦点集中在这些人、事、物上面，全心全意认真去接纳、投入和体验这一切。活在当下是一种全身心地投入人生的生活方式。当我们活在当下，而没有过去拖在我们后面，也没有未来拉着我们往前跑时，我们全部的能量都集中在这一时刻，生命因此具有一种强烈的张力。

活在当下就要对自己当前的现状满意，要相信每一个时刻发生在我们身上的事情都是最好的，要相信自己的生命正以最好的方式展开。我们如果抱怨现状不好，有可能是因为我们不知道还有更坏，如果我们不活在当下，就会失去当下。

人们之所以总是会有这样或者那样的烦恼，是因为人们总是回忆过去或憧憬未来，而往往忽视了当下的生活。一个真正懂得“活在当下”的人便能做到，快乐来临的时候就享受快乐，痛苦来临的时候就迎着痛苦。

活着是什么，即是对现有的生命悠然而受之，天冷了就穿衣服，天热了就脱衣服，受而喜之。世间的因缘际会太多，一些时机被错过，因缘之路就会出现截然不同的方向。所以，当下一旦有了机会，就应该牢牢把握，为此努力，否则就会浑浑噩噩一生。

许多人都相信来生与前世。因为那让我们能对今生的不幸，用前世做借口，说那是前世欠下的；也能对今生的不满，用来生做憧憬，说可以等待来生去实现。

前世的缘，可以在今生结下；来生的果，可以是今生种下的。前世的债，今生正在还，还不清，来生还得继续。前世的缘，今生正在实现，好不容易盼到了，难道我们还不应该好好把握吗？

有个小和尚负责清扫寺院里的落叶。这是件苦差事，秋冬之际，每次起风，树叶总是随风飞舞。每天早上都需要花费许多时间才能清扫完树叶，这让小和尚头痛不已。他一直想要找个好办法让自己轻松些。后来有个和尚跟他说：“你在明天打扫之前先用力摇树，把落叶都摇下来，后天就可以不用扫落叶了。”小和尚觉得这是个好办法，于是隔天他起了个大早，使劲地摇树，以为这样就可以把今天跟明天的落叶一次扫干净了，他一整天都很开心。

第二天，小和尚到院子里一看，不禁傻眼了，院子里如往日一样满地落叶。老和尚走了过来，对小和尚说：“傻孩子，无论你今天怎么用力，明天的落叶还是会飘下来。”小和尚终于明白了，世上有很多事是无法提前的，唯有认真地活在当下，才是最真实的人生态度。

“唯有认真地活在当下，才是最真实的人生态度”。然而大多数的人都无法专注于“现在”，他们总是想着明天、明年甚至下半辈子的事，时时刻刻都将力气耗费在未知的未来，却对眼前的一切视若无睹，永远也不会得到快乐。

人生无常，很多事情都不是我们能预料的，我们所能做的只是把握当下，珍惜现在所拥有的一切。

拥有的，就是最好的

我们很少想到自己拥有什么，却总是想着自己缺少什么。不要感叹你失去或未得到的，而应该珍惜你已经拥有的。

好高骛远是人的一大弱点，在现实生活中，有些人往往只看远方的飞鸟而忽视脚下的溪流。这样的人会一直生活在奔波之中，因为他的梦是很难实现的。盲目地追求不可能实现的东西，倒不如务实一点，去抓住眼前的事物，哪怕是听一声河水的叮咚，也能帮你放松疲惫的身心。

一天，一个终日愁苦的青年去拜见一位大师以求得到快乐的良方。大师说：“只有世界上你认为最好的东西才能使你快乐。”于是，他辞别妻儿，踏上了寻找世界上最好的东西的漫漫旅途。

起初，他遇见了一位重病患者，他问：“你知道世界上最好的东西是什么吗？”病人恹恹地说：“那还用问吗？是健康的体魄。”青年想，健康我每天都拥有，算不上世界上最好的东西。第二天，他遇见了一个正玩耍的孩童，他问：“你知道世界上最好的东西是什么吗？”孩童想了想，说：“是一大堆玩具。”这个人摇了摇头，继续去寻找世界上最好的东西。接着，他又先后遇到了一个老者、一个商人、一个画家、一个囚犯、一个母亲和一个女孩。老者说：“年轻是世界上最好的东西。”商人说：“利润是世界上最好的东西。”

画家说："色彩是世界上最好的东西。"囚犯说："自由自在是世界上最好的东西。"母亲说："我的宝贝孩子是世界上最好的东西。"女孩说："我爱过一个青年，他脸上那灿烂的笑容是世界上最好的东西。"结果没有一个回答令他满意。

失望的他继续走啊走啊，最后，他穿过熙熙攘攘的人群，带着五花八门的答案又回到了大师那里。

大师见他回来了，似乎知道了他的遭遇和失望，微笑着说："先不要去追究你的问题，它永远不会有一个确切而唯一的答案。你现在考虑这样一个问题——把你最想念的东西和情景告诉我。"

此时，青年饥寒交迫、蓬头垢面。他想了一会儿，对大师说："我出门很多天了，我想念我亲爱的妻子和可爱的孩子，想念一家人在冬夜里围着火炉谈笑聊天的情景……"说到这里，他长叹一声："那是我现在最想念的东西！"

大师拍了拍他的肩，说："回去吧！你最好的东西就在你的家里，它们可以使你快乐起来。"

青年疑惑地问："可我就是从那里走出来的啊！"大师笑了，说："你出来之前，不知道自己想要什么东西；你出来之后——比如现在，你已经知道自己想要什么样的东西了。"青年顿时醒悟。

我们常常和这个青年一样，还不知道最好的东西究竟是什么，就要去追寻。每个人的心目中，关于最好的、最快乐的答案总是各不相同。有人喜欢唐诗的荡气回肠，有人喜欢宋词的婉约动人，有人喜欢摇滚的激情，有人喜欢轻音乐的淡雅。对于每一个人来讲，自己拥有的才是最好的。

一个人最大的痛苦不是得不到，而是得到了之后不去珍惜，仍旧觉得不满足，又去苛求一些不现实的东西。

有的人想要这个或那个，如果不能得到自己想要的，就会不停地去想，即使得到了想要的东西，又会在新的环境中对其他事物再次滋生同样的欲望。

德国哲学家叔本华曾经告诫人们："我们很少想到自己拥有什么，却总是想着自己缺少什么。不要感叹你失去或未得到的，而应该珍惜你已经拥有的。"不要羡慕别人的生活，别人不见得比你活得好，每个人都有自己的欢乐

和痛苦。你所拥有的，也许恰恰是别人所缺少的，与其为别人的拥有而不平，还不如为自己的拥有而开怀。

正视你所失去的，正视你所没有的，不要盲目羡慕别人，不要与人攀比。珍惜你所拥有的，充分享受你拥有的，这才是最好的。

最重要的时间就是现在

饿了吃饭，渴了饮茶，不为昨天的事犯愁和追悔。

有副对联这样说道："从前种种譬如昨日死，今日种种譬如今日生。"意思是说昨日的事不必再牵挂，只注重我们今日的事最好，用一句时尚的话来说，就是"活在当下"。

活在当下的真正含义来自禅，有人问一个禅师，什么是活在当下？禅师回答，吃饭就是吃饭，睡觉就是睡觉，这就叫活在当下。是的，最重要的事情就是现在我们做的事情，最重要的人就是现在和我们一起做事情的人，最重要的时间就是现在。

夏日的午后，灵佑禅师午睡刚醒。

弟子慧寂入室问讯，灵佑禅师见是慧寂，便将头朝墙转了过去。

"您为何如此呢？"慧寂谦恭地问老师。

灵佑禅师坐起来，说道："我刚才得一梦，你试着为我圆圆看。"

慧寂没有言语，只是端了一盆水给师父洗脸。

过了一会儿，灵佑禅师的另一弟子智闲也前来问讯。灵佑禅师对他说道："我刚才小睡中得了一梦，慧寂已为我圆了，你也替我圆圆看。"

智闲答道："我在下面早就知道了。"

灵佑禅师笑了笑，"哦？那么是什么呢？你给说说看吧。"

智闲同样没有言语，只是沏了一杯茶，端到灵佑禅师面前。

灵佑禅师对自己的两位徒弟很是称赞："你们二人的见解比舍利佛还要高明！"

梦境已逝何须圆，更何况梦中经历的事情再精彩也只是一个梦境，与现实又有何干？我们要做的，只是睡醒后洗脸，洗完脸后喝茶，做好生活中该做的事情。

当我们悔恨时，我们会沉湎于过去，为自己的某种言行而沮丧或不快，在回忆往事中消磨掉自己现在的时光。当我们产生忧虑时，我们会利用宝贵的时光，无休止地考虑将来的事情。对我们每一个人来讲，无论是沉湎过去，还是忧虑未来，其结果都是相同的：徒劳无益。

有一天，佛陀刚刚用完午餐，一位商人走来请求佛陀为他除惑解疑，指点方向。佛陀将他带入一间静室中，十分耐心地听商人诉说自己的苦恼和疑惑。

商人诉说了很久，有对往事的追悔，搅扰得他终日不安。最后，佛陀示意他停下来，问他："你可吃过午餐？"

商人点头说："已吃过。"

佛陀又问："炊具和餐具可都收拾得干净完好了？"

商人忙说："是啊，都已收拾得很完好了。"

接着商人急切地问佛陀："您怎么只问我不相关的事呢？请您给我的问题一个正确答案吧！"

但是，佛陀却只对他微微一笑，说："你的问题你自己已经回答过了。"接着就让他离开静室。

过了几天，那位商人终于领悟了佛陀的道理，来向佛陀致谢。佛陀这才对他及众弟子说："谁若对昨天的事念念不忘，追悔烦恼，他将成为一棵枯草！"

幸福有时就在我们的手中，但是拥有幸福的我们却不知道，也不懂得珍惜。人世间的痛苦莫过于去追求自己手中已有的事物，而我们却为"得不到"常常忧思。珍惜当下所拥有的吧，不要等到失去了才惊觉原来幸福曾经来过。

人活在当下，应该放下过去的烦恼，舍弃未来的忧思，顺其自然。

该做什么就做什么，饿了吃饭，渴了饮茶，不为昨天的事犯愁和追悔。做好力所能及的事情，避免再犯错误便够了，否则下一刻还要为上一刻的过失烦恼，这样人生就无穷无尽地处在为过去烦恼的痛苦之中了。

让所有美好在此刻绽放

把今天当作你生命中唯一的一天去对待，你将会拥有阳光、雨露、鲜花等，一切你未曾领略过的美好。

我们经常会听到有人在炫耀自己的过去，总是拿过去的成绩说事， 那是因为在现在，他们没有光荣的事迹可说。真正有作为的人，不会有兴趣谈论过去，而是对将来所要做的事情兴趣浓厚，刻意经营。就如一个好的足球运动员，他不会总沉醉于过去某一场进了几个球之中，而是想如何在下一届的大赛中进更多的球；真正的好演员，也不会被过去自己曾获得过金鸡或百花等奖冲昏头，而不再追求演技的提高。

千万不要活在过去的荣耀或懊悔之中。这两种活法，都不利于你的人生。只有你抓住今天，你才可能做事。要抓住今天你应该心存这样的信念：

就在今天，我要开始做事。就在今天，我要拟订目标和计划。就在今天，我要锻炼好身体。就在今天，我要健全心理。就在今天，我要让心休息。就在今天，我要克服恐惧忧虑。就在今天，我要让人喜欢。就在今天，我要让她幸福。就在今天，我要走向成功。

只有那些懂得如何利用“今天”的人，才会在“今天”创造成功事业的奠基石，孕育明天的希望。

在古老的原始森林，阳光明媚，鸟儿欢快地歌唱，辛勤地劳动，其中有一只寒号鸟，有着一身漂亮的羽毛和嘹亮的歌喉，到处游荡卖弄自己的羽毛和嗓子。看到别人辛勤地劳动，反而嘲笑不已。好心的鸟儿提醒它说：“寒号鸟，快垒个窝吧！不然冬天来了怎么过啊？” 寒号鸟轻蔑地说：“冬天还早呢？着什么急啊！趁着今天大好时光，快快乐乐地玩玩吧！”

就这样，日复一日，冬天眨眼就到来了。鸟儿们晚上都在自己暖和的窝里安详地休息，而寒号鸟却在夜间的寒风里冻得瑟瑟发抖，用美丽的歌喉悔恨过去，哀叫未来：“抖落落，抖落落，寒风冻死我，明天就垒窝。”

第二天，太阳出来了，万物苏醒了。沐浴在阳光中，寒号鸟好不得意，完全忘记了昨天晚上的痛苦，又快乐地歌唱起来。

有鸟儿劝它：“快垒窝吧！不然晚上又要发抖了。”

寒号鸟嘲笑地说：“不会享受的家伙。”

晚上又来临了，寒号鸟又重复着昨天晚上一样的故事。就这样重复了几个晚上，大雪突然降临，鸟儿们奇怪寒号鸟怎么不发出叫声了呢？太阳一出来，大家寻找寒号鸟，发现它早已被冻死了。

这则寓言讲明了这样一个道理：在人的一生中，今天是多么重要！寄希望于明天的人，是一事无成的人。今天你把事情推到明天，明天你就会把事情推到后天，一而再，再而三，事情永远没个完。

所以，做事一定要抓住今天，不要给拖延以任何借口，放下过去，把今天当做你生命中唯一的一天去对待，你将会拥有阳光、雨露、鲜花等，一切你未曾领略过的美好。珍惜今天，不做冷风中的寒号鸟，让生命在拖延中凋零，也不要把期望当作习惯，因为人生的所有美好都在今天绽放。

在当下的一刹那收获成功

人生的重点不在于事先是否知道结果，而在于当下做了什么，人生的方向总在一刹那就会发生改变。

昭文、师旷、惠子是历史上成就卓著的三位音乐大师，音乐的造诣炉火纯

青，已达“知几”的至高境界。对此，《庄子·内篇·齐物论第二》中谈到：“三子之知几乎，皆其盛者也，故载之末年。”

南怀瑾先生对于“几”的解释是，当情感喷涌之时，如同天地风云变幻；当风云雷雨过后，宇宙万象一片清明，万物沉寂如同天地空灵。以小而言，“知几”如同音乐或艺术境界中的灵感；广而言之，“三子之知几乎，皆其盛者也，故载之末年”，是说这三位大师都是在其精神、身体、技能、艺术造诣达到最高境界的时候，得以学有所成，万古流芳。南先生风趣地说了一句题外话，如果这三位上古的音乐家等到年迈体弱、精神衰老之时才操琴习技，那么纵然有高度的理想，也无法表达了。

林语堂先生讲过一段故事。有一天，一位先生宴请美国名作家赛珍珠女士，林语堂先生也在被请之列，于是他就请求主人把他的席次排在赛珍珠之旁。

席间，赛珍珠知道座上有多名中国作家，就说：“各位何不以新作供美国出版界印行？本人愿为介绍。”座上人当时都以为这是一种普通敷衍说辞而已，未予注意；独林博士当场一口答应，归而以两日之力，搜集其发表于中国之英文小品成一巨册，而送之赛珍珠，请为斧正。赛因此对林博士印象至佳，其后乃以全力助其成功。

据说，当日座上客中尚有吴经熊、温源宁、全增嘏等先生，以英文造诣言，均不下于林博士，故在事后，如他们亦若林氏之认真，而亦能即日以作品送诸赛氏，则今日成功者未必为林氏也。

一个人能否成功，固然要靠天才，要靠努力，但善于创造时机，及时把握时机，不因循、不观望、不退缩、不犹豫，想到就做，有尝试的勇气，有实践的决心，所有的因素加起来才可以造就一个人的成功。所以，尽管说，有的人成功在于一个很偶然的机会，但认真想来，这偶然机会能被发现，被抓住，而且被充分利用，却又绝不是偶然的。

机会是纷纭世事之中的复杂因子，在运行之间偶然凑成的一个有利于成功的空隙。这个空隙稍纵即逝，要把握时机确实需要眼明手快地去“捕捉”，而不能坐在那里等待或因循拖延。徘徊观望是成功的大敌，许多人都因为对已经来到面前的机会没有信心，而在犹豫之间，把它轻轻放过了。

每个人都有属于自己的传奇，它可能是事业上的成就，可能是圆满的家庭生活，可能是真挚的友谊，可能是一颗快乐满足的心。只有珍惜眼前这一刻，成功才有无限的可能。

许多人在谋划自己的人生时，往往因好高骛远而忽视了自己所拥有的，结果只落得个两手空空。

做人与修道一样，要晓得“知几”，把握自己生命的重点，当自己处于最佳状态的时候，成功就在那一刹那，一旦错过，悔之晚矣。

一个年纪大的木匠就要退休了，他告诉老板，自己想要离开这个行当，和家人享受一下轻松自在的生活。老板实在舍不得这位木匠离去，希望他能够在离开前接最后一个活儿，再盖一栋具有个人风格的房子。由于盛情难却，木匠只好勉为其难地答应了，但是他并没有跟往常一样很认真地盖房子，一心只想着早早交差了事。原本要钉四颗钉子的地方，他随便钉三颗就算交差，甚至钉弯了也将就应付；建材有瑕疵、梁柱没有完全垂直、窗户没有做成标准的正方形、地板有一点倾斜等问题，他都不甚在意，很马虎但迅速地就把这间屋子盖好了。落成时，老板来了，顺便也检视一下房子，然后把大门的钥匙交给这个木匠说：“这间房子就是我要送给你的退休礼物！”木匠大吃一惊，既生自己的气，也觉得丢脸。

大部分的人一定认为：“如果木匠早知道这间房子是给自己盖的，他一定会用最好的建材，用最精致的技术来把房子盖好。”

然而，真的会是如此吗？要知道，生活的重点不在于早知道结果，而在于当下做什么。很多人都知道如果自己现在不运动、不改正不良嗜好、不注重均衡饮食，三年后身体状况一定会严重透支，可是，他们还是不愿改变自己现在的饮食习惯及生活方式，还是纵容自己的身体恶化。所以，人生的重点不在于事先是否知道结果，而在于当下做了什么，人生的方向总在一刹那就会发生改变。

所谓“创造时机”，不过是在万千因子运行之间，努力加上自己的万分之一的力量，把“机会”的运行造成有利于自己的一刹那而已。

第四章 随心生活处处心平

常怀一颗平常心
没有失去，也就无所谓获得
打开“心”的格局
不过度，不强求，不忘形
不迁怒，不动心
守护自己心灵的花园

常怀一颗平常心

“宁静以致远，淡泊以明志”，沉住气，常怀一颗平常心，不过分苛求得失，反而能在不经意间收获成功。

“心平常，自非凡”，生活当中，很多人并不是因为自己的能力不够而失败，而是败给自己无法掌控的情绪。人生不如意之事十常八九，在现实生活中，在激烈的竞争形势与强烈的成功欲望的双重压力下，许多人往往会出现焦虑、急躁、慌乱、失落、颓废、茫然、百无聊赖等困扰工作的情绪，这种情绪一齐发作，常常会让人丧失对自身定位的能力，变得无所适从，从而大大地影响了个人能力的发挥，使自己的工作效能大打折扣，生活也因此变得混乱不堪。

古人云“宁静以致远，淡泊以明志”，沉住气，常怀一颗平常心，不过分苛求得失，反而能在不经意间收获成功。

2004年8月21日，在雅典奥运会女子75公斤以上级举重比赛中，在抓举比赛结束后，唐功红的成绩依然靠后，夺金形势堪忧。但好在挺举是她的优势，如果唐功红今天能超常发挥，仍然有机会向金牌发起冲击。挺举比赛开始，在抓举中成功举起125公斤的美国选手哈沃蒂第一把就成功举起了150公斤，第二把又举起了152.5公斤，第三把举起了155公斤，以总成绩280公斤结束了比赛。而在前两次失败后，乌克兰选手维克托第三次终于成功举起了150公斤，也以总成绩280公斤结束了比赛。波兰选手罗贝尔第一把成功举起了165公斤，但在第二把在167.5公斤时重心偏后失败，第三次试举也失利，最终以总成绩295公斤结束了比赛。韩国选手张美兰出场第一把就成功举起了165公斤，但在举170公斤时告负，第三次试举时，张美兰举起了172.5公斤，给唐功红夺金增添了难度。

轮到唐功红出场了，抓举落后对手7.5公斤的她，必须奋力一搏。这时候她只想着一句话，那是教练对她说过的——“拼了，你随意去举，举起举不起都是英雄，死也要死在举重台上。”

此时的杠铃重量已是172.5公斤，第一举重心偏后没有成功。第二次登场，唐功红咬紧牙关，成功举起了这一重量，显示了她超群的挺举实力。第三把唐功红要了182公斤，只见她顶住压力，顽强挺举了这个重量，最终以302.5公斤拿到了这块金牌，打破了挺举和总成绩的世界纪录。

“拼了，你随意去举，举起举不起都是英雄，死也要死在举重台上。”勇者的气魄在这一刻展现得淋漓尽致。这时候的唐功红心里并没有想着要赢、要胜利，她想的只是尽力而为。

最终，她以一颗平常心收获了沉甸甸的奖牌。

无论做事还是做人，除了要善于抓住时机，懂得运用必要的技巧之外，还需要沉得下心来，保持一颗平常心。这种平常心，对于一名想要有所成就的人来说是十分重要的。

所谓平常之心，就是不能只想成功，而拒绝失败、害怕失败，要能正确对待成功与失败。成功了，不骄傲自满，不狂妄自大；失败了，也应该平静地接受。失败也是生活中不可缺少的内容，没有失败的生活是不存在的。生活中没有常胜将军，任何一个渴望成功的人，都应该以一颗平常心平静地接受生活给予的各种困难、挫折和失败。

张薇大学毕业后求职受挫，最后终于在一家小公司里谋得一份业务员的工作。尽管这份工作与她名牌大学的学历不符，但她并不计较，因为她懂得：一个人只有让自己的心灵回归到零，保持一颗平常心，学会忍耐，才能在这个社会上立足，才会取得事业的发展。面对刁钻的同事和无理取闹的客户，她时刻提醒自己：我是在学习，我要坚持。她咬紧牙关，忍受着各方面的压力，在一次次的挫折中总结经验、积攒力量。两年后，凭借出色的业务能力、坚忍的态度和坚韧的品格，她成为该公司的业务经理。

生活中，这种不计较得失、不苛求回报的平常心是非常重要的。

无论面对成功或失败，都必须保持一种健康平常的心态。保持一颗平常之心，并不是放弃进取之心、成功之心，而是通过平常之心，使进取之心、成功之心得到升华。保持平常心，实质是让外在的世界和内心保持一个平衡点，有了这种平衡，悲、欢、离、合皆能内敛，人会少些焦虑、少些浮躁，多一份安适、多一份恬静，心似一泓碧水，清澈明亮，继而胸襟为之开阔，而这才是真实而快乐的人生。

要保持一颗平常心，要培养顺其自然的心态，就要让自己的心情彻底放松下来，要沉得住气，不要让欲望牵着你到处奔跑。让脚步随着心态走，让浮躁的心安顿下来，你就会体会到海阔天空。事实上，你对生活多一份平常心，也就能多收获一份从容和洒脱。

没有失去，也就无所谓获得

失去所传递出来的并不一定都是灾难，也可能是福音。

花草的种子失去了在泥土中的安逸生活，却获得了在阳光下发芽微笑的机会；小鸟失去了几根美丽的羽毛，经过跌打，却获得了在蓝天下凌空展翅的机会。人生总在失去与获得之间徘徊。没有失去，也就无所谓获得。

人生就像一场旅行。在行程中，我们会用心去欣赏沿途的风景，同时也会接受各种各样的考验。在这个过程中，我们会失去很多，但是，我们同样也会收获很多。因为，失去所传递出来的并不一定都是灾难，也可能是福音。

有一位住在深山里的农民，经常感到环境艰险，难以生活，于是便四处寻找致富的好方法。一天，一位从外地来的商贩给他带来了一样好东西，尽管在阳光下看去那只是一粒粒不起眼的种子。但据商贩讲，这不是一般的种子，而是一种叫作“苹果”的水果的种子，只要将其种在土壤里，两年以后，就能长成一棵棵苹果树，结出数不清的果实，拿到集市上，可以卖好多钱呢！

欣喜之余，农民急忙将苹果种子小心收好，但脑海里随即涌现出一个问题：既然苹果这么值钱、这么好，会不会被别人偷走呢？于是，他特意选择了一块荒僻的山野来种植这种颇为珍贵的果树。

经过近两年的辛苦耕作，浇水施肥，小小的种子终于长成了一棵棵茁壮的果树，并且结出了累累硕果。

这位农民看在眼里，喜在心中。嗯！因为缺乏种子的缘故，果树的数量还比较少，但结出的果实也肯定可以让自己过上好一点儿的生活。

他特意选了一个吉祥的日子，准备在这一天摘下成熟的苹果，挑到集市上卖个好价钱。当这一天到来时，他非常高兴，一大早便上路了。

当他气喘吁吁爬上山顶时，心里猛然一惊，那一片红灿灿的果实，竟然被外来的飞鸟和野兽们吃了个精光，只剩下满地的果核。

想到这几年的辛苦劳作和热切期望，他不禁伤心欲绝，大哭起来。他的财富梦就这样破灭了。在随后的岁月里，他的生活仍然艰苦，只能苦苦支撑下去，一天一天地熬日子。不知不觉之间，几年的光阴如流水一般逝去。

一天，他偶然来到了这片山野。当他爬上山顶后，突然愣住了，因为在他面前出现了一大片茂盛的苹果林，树上结满了累累硕果。

这会是谁种的呢？在疑惑不解中，他思索了好一会儿才找到了一个出乎意料的答案。这一大片苹果林都是他自己种的。

几年前，当那些飞鸟和野兽在吃完苹果后，就将果核吐在了旁边，经过几年的生长，果核里的种子慢慢发芽生长，终于长成了一片更加茂盛的苹果林。

现在，这位农民再也不用为生活发愁了，这一大片林子中的苹果足以让他过上温饱的生活。

有时候，就像这位农民一样，我们失去的反而是另一种获得。

生活中，一扇门如果关上了，必定有另一扇门打开。我们失去了一种东西，必然会在其他地方收获另一种馈赠。关键是，我们要有乐观的心态，相信有失必有得。

我们应该正视人生的得失。当我们得到的时候要感恩，要懂得珍惜；当我

们失去的时候不要抱怨，也不用无所适从。月有阴晴圆缺，懂得生活的人能坦然面对所谓的得失，而不懂得，往往会付出沉重的代价。

有这样一对性格不合的夫妇，丈夫8次提出离婚要求，而妻子就是死活不离。在法院判决中，女方总是胜诉，就这样一直拖了29年。29年的岁月过去了，这位妇女的青春年华在拖延不决中消失了，乌黑的头发已成白发，红润的脸颊变黄了，刻上了一道道岁月的伤痕，身体也被折磨得满身病痛。

由于妻子的坚持，婚姻仍然存在，然而爱情早已荡然无存。她失去了幸福的家庭，失去了自己的青春，失去了健康的身体，也失去了再婚的机会，孩子也没有因此追回父爱。

结果，29年后，法院还是判离了。离婚后不到两年，这位不幸的妇女就因病情加重而离开了人世。

人生是自己的，我们不能怪这位妻子，她是苦的，然而，她的执着又得到了什么？有人说，失去也是一种获得，这才是豁达，才是坦然面对得失，这样不但不会失去什么，反会得到很多。

每一种生活都有它的得与失，正如俗语所说："醒着有得有失，睡下有失有得。"所以面对生活中的得失，我们都应该抱有一种坦然的态度，凡事看开些。世界是公平的，在这里失去的，我们会在另外的地方得到补偿。有时，失去可能反而是一种福音。

打开"心"的格局

无论荣辱悲喜、成败冷暖，只要心量放大，自然能做到风雨不惊。

一个人的心量有多大，他的成就就有多大，不为一己之利去争、去斗、去夺，扫除报复之心和嫉妒之念，则心胸广阔天地宽。无论荣辱悲喜、成败冷暖，只要心量放大，自然能做到风雨不惊。

从前有座山，山里有座庙，庙里有个年轻的小和尚，他过得很不快乐，整天为了一些鸡毛蒜皮的小事唉声叹气。后来，他对师父说："师父啊！我总是烦恼，爱生气，请您开示开示我吧！"

老和尚说："你先去集市买一袋盐。"

小和尚买回来后，老和尚吩咐道："你抓一把盐放入一杯水中，待盐溶化后，喝上一口。"小和尚喝完后，老和尚问："味道如何？"

小和尚皱着眉头答道："又咸又苦。"

然后，老和尚又带着小和尚来到湖边，吩咐道："你把剩下的盐撒进湖里，再尝尝湖水。"弟子撒完盐，弯腰捧起湖水尝了尝，老和尚问道："什么味道？"

"纯净甜美。"小和尚答道。

"尝到咸味了吗？"老和尚又问。

"没有。"小和尚答道。

老和尚点了点头，微笑着对小和尚说道："生命中的痛苦就像盐的咸味，我们所能感受和体验的程度，取决于我们将它放在多大的容器里。"小和尚若有所悟。

老和尚所说的容器，其实就是我们的心量，它的"容量"决定了痛苦的浓淡，心量越大烦恼越轻，心量越小烦恼越重。心量小的人，容不得，忍不得，受不得，装不下大格局。有成就的人，往往也是心量宽广的人，看那些"心包太虚，量周沙界"的古圣大德，都为人类留下了丰富而宝贵的物质财富和精神财富。

其实，我们每个人一生中总会遇到许多盐粒似的痛苦，它们在苍白的心空下泛着清冷的白光，如果你的容器有限，就和不快乐的小和尚一样，只能尝到又咸又苦的盐水。

如果说生命中的痛苦是无法自控的，那么我们唯有拓宽自己的心量，才能获得人生的愉悦。通过内心的调整去适应、去承受必须经历的苦难，从苦涩中

体味心量是否足够宽广，从忍耐中感悟人生的真谛。

心量是一个可开合的容器，当我们只顾自己的私欲，它就会愈缩愈小；当我们能站在别人的立场上考虑，它又会渐渐舒展开来。若事事斤斤计较，便把自心局限在一个很小的框框里。这种处世心态，既轻薄了自身的能力，又轻薄了自己的品格。

心量是大还是小，在于自己愿不愿意敞开。一念之差，心的格局便不一样，它可以大如宇宙，也可以小如微尘。我们的心，要和海一样，任何大江小溪都要容纳；要和云一样，任何天涯海角都愿遨游；要和山一样，任何飞禽走兽，都不排拒；要和路一样，任何脚印车轨都能承担。这样，我们才不会因一些小事而心绪不宁、烦躁苦闷。

不过度，不强求，不忘形

豁达是一种情操，更是一种修养。

雨果说：“世界上最辽阔的是大海，比大海更辽阔的是天空，比天空更辽阔的是人的胸怀。”雨果所说的，正是那些豁达的人。

豁达是一种明智的处世方式，是一种人生态度，一种人生境界。

三伏天，寺院的草地枯黄了一大片。“快撒点种子吧。”小和尚说。

师父挥挥手说：“随时！”

中秋，师父买了一包草籽，叫小和尚去播种。

秋风起，草籽边撒边飘。“不好了！好多种子都被吹飞了。”小和尚喊。

“没关系，吹走的多半是空的，撒下去也发不了芽。”师父说，“随性！”

撒完种子，跟着就飞来几只小鸟啄食。“怎么办？种子都被鸟吃了！”小和尚急得跳脚。

“没关系！种子多，吃不完！”师父说，“随遇！”

半夜一阵骤雨，小和尚早晨冲进禅房："师父！这下真完了！好多草籽被雨冲走了！"

"冲到哪儿，就在哪儿发芽！"师父说，"随缘！"

一个星期过去了，原本光秃秃的地面，居然长出许多青翠的草苗。一些原来没播种的角落，也泛出了绿意。小和尚高兴得直拍手。师父点头："随喜！"

"随"是豁达的一种表现形式，它不是随便，是顺其自然，是不过度、不强求、不忘形。

拥有豁达的胸怀，便能拥有洒脱的人生。豁达决定着一个人的幸福生活，我们要做到让自己的心豁达起来，就得明白一些人生道理。

豁达，需要你控制自己的欲望。我们拥有官能，必然存在欲望。合理地觅食求偶，无可非议，但欲望超出了一定的原则和范围，就成了罪恶了。恣意纵欲，可以污染人群、腐蚀国家。克制自己的欲望，使之合理适度，这是心归于祥和平静的一个重要法门。

豁达，让你学会无私。每个人都有各自的工作和生活。如果他在工作和生活中，追求的是贡献于社会，努力创造为的是民族和国家，而不仅仅是博取功名利禄，那么，就往往不会为时时都可能发生的不公而抱怨、牢骚满腹、耿耿于怀。相反，却会因对同胞、社会、民族有所奉献，心里畅通光明，坦然无悔。一个为自己打算的人凡事斤斤计较，一遇报酬不相应，便会滋生被遗忘、被冷落、被否定的感觉，心理平衡与安宁必荡然无存。只索取不奉献，就会背弃自己作为社会成员应尽的责任。如此，固然省了精力，图了轻松，得了财富，却会为良心恒久的亏欠和懊悔所折磨；遭人白眼唾骂，更是损了人格，失了尊严。

豁达，需要自知之明。人们能否得到心灵豁达，能否正确评价自我和确立自我追求是很重要的。一个人评价自我，是通过认识自己的长处和短处来进行的。如果夸大长处，必会傲气盈胸，自命不凡；夸大短处，则自惭形秽，自暴自弃。而只要自我评价一旦失真，人们通常就不知道自己应该做什么和能做些什么，在追求目标的选择上就容易陷入盲目。一个人只有自我评价恰如其分

时，才心宁情畅，不骄不躁，不亢不卑。因此，生活目标要适度。一种既能充分激发自己的潜力，经过努力又能达到的目标，将使人们内心坚定踏实，永远充满乐观、自信、自尊与自豪。追求豁达的人，必然是一个积极、认真了解自己和切切实实了解了自己的人。

豁达，让你学会自省。人非圣贤，心中难免会有这样那样的错误、暗淡、罪恶、虚伪等念头。存有了这些念头并不可怕，可怕的是放纵、任性和宽恕自己，从而造成恶性循环，永远生活在黑暗中，最后被毁灭。人应该经常反省自己，警惕自己，告诫自己，使这些念头不重复而逐渐把它们克服。一个人只有不断地清洗自己的心，扫除思想上的桎梏和精神上的烟雾，才能扩大豁达的心。

豁达是一种情操，更是一种修养。只有豁达的人，才真正懂得善待自己，善待他人，生活才充满快乐，这才是豁达人生。

不迁怒，不动心

世界上最无敌的有两种人，一种是不怕死的，另一种是不动心的。

有人问过孔子：你的弟子中哪一个最好学呢？孔子抚须微笑：颜回最好学，心平气和，做人认真，可惜最是命苦，英年早逝。他死后，几乎没看到好学的人。南怀瑾先生评价说，孔子显然最得意的弟子便是颜回，因为圣人曾不止一次地称赞过颜回的品性修养与人格魅力。在孔子看来，颜回一直踏实探求着为人处世的人生道理，不迁怒于人，不犯同样的错误。这样的人太少见了。生活中，能够做到像颜回一样“制怒”的，恐怕很困难，因为怒气向来是最难容忍的。

有一位青年脾气非常暴躁、易怒，经常爱与人争执，所以很多人都不喜欢他。有一天，这位青年到大德寺游玩，碰巧听到一位禅师正在说法，他听完后受益匪浅，甘愿痛改前非。于是他对禅师说："师父！我以后再也不跟人打架、发生口角了，免得人见人厌，就算是受人唾面，也只会忍耐地拭去，默默地承受！"

禅师说："何必呢，就让唾沫自干吧，不要去拂拭！"

"那怎么可能？为什么要这样忍受？"

"这没有什么不能忍受的，你就把它当作蚊虫之类停在脸上，不值得与它打架或者骂它。虽受唾沫，但并不是什么侮辱，微笑地接受吧！"禅师说。

"如果对方不是唾沫，而是用拳头打过来时，那怎么办？"

"一样呀！不要太在意！这只不过是一拳而已。"

青年听了，认为禅师说得太没道理，终于忍耐不住，忽然举起拳头，向其头上打去，并问："和尚！现在怎么样？"禅师非常关切地说："我的头硬得像石头，没什么感觉，倒是你的手，大概打痛了吧？"青年哑然，无话可说。

心胸宽阔、心态平和的人是不可战胜的。面对别人的挑衅和辱骂，只要我们能够平静对待，不把它们放在心上，那么所有的责难就会烟消云散。更有趣的是，当我们视挑衅者于无物的时候，往往会令对方毫无办法、自讨没趣，很快便会悻悻然离开。

有人说，世界上最无敌的有两种人，一种是不怕死的，另一种是不动心的。如果能以自己的不动应付对方的动，就像太极中的以柔克刚，无坚不摧，如此自己便到了无敌的境界。在平常的生活中，"不动"的境界通常被人们称之为涵养。

在一辆行驶的公共汽车上，人虽然不多却没有空位，有几个人还站着，吊在拉手上晃来晃去。一个年轻人身旁有几个大包，手里拿着一个地图在认真研究着，眼里不时露出茫然的神色。他犹豫了半天，很不好意思地问售票员："去颐和园应该在哪儿下车啊？"售票员是个短头发的小姑娘，正剔着指甲缝呢。她抬头看了一眼小伙子，说："你坐错方向了，应该到对面往回坐。"要说这些话也没什么错，小伙子下站下车到马路对面去坐也就是了！但是售票员可没说完，她又说："拿着地图都看不明白，还看个什么劲儿啊！"

外地小伙子可是个有涵养的人，他嘿嘿笑了笑。旁边有个大爷可听不下去了，他对外地小伙子说："你不用往回坐，再往前坐四站换904能到。"要是他说到这儿也就完了，那还真不错，既帮助了别人，也挽回了北京人的形象。可大爷又说了一句："现在的年轻人呐，没一个有教养的！"

站在大爷旁边的一位小姐不爱听了："大爷，不能说年轻人都没教养吧，没教养的毕竟是少数嘛！"这位小姐显得真有教养——要不是又说了那最后一句话："就像您这样上了年纪看着挺慈祥的，不也有很多不干好事的吗？"

马上就有几个老年人指责起了那位小姐。

这么吵着闹着车可就到站了。车门一开，售票员小姑娘说："都别吵了，该下车的赶快下车吧，别把自己正事儿给耽误了……再吵下去车可不走了啊！烦不烦啊！"

烦！不仅她烦，所有乘客都烦了！骂售票员的，骂外地小伙子的，骂那位小姐的，骂天气的……别提多热闹了！

那个外地小伙子一直没有说话，最后他实在受不了了，大叫道："别吵了！都是我的错，我自己没看好地图，让大家跟着生一肚子气！大家就算给我面子，都别吵了行吗？"听到他这么说，车上的人当然都不好意思再吵了，声音很快平息下来。可谁也想不到这小伙子又来了一句话："早知道北京人都是这么不讲理，我还不如不来呢！"

这个故事惹人发笑，但笑过后又不禁感叹，生活中就是因为有了太多的计较，所以才会变得不快乐。

我们常常因为一些对自己不利的事情而生闷气，但生气有什么用呢？毫不利于解决生活中的问题，反而会让自己的头脑发热，做出一些让自己后悔终身的事情。所以当你生气时尽量克制一下自己，重要的是找出解决问题的方法，而不是不断地追究为什么如此，伤神也伤身。当别人的错误加诸于自己身上，也要制怒，不要用别人的错误来惩罚自己或其他人；自己有了错误，更需制怒，不要用自己的错误去惩罚不相干的人。

怒气会传染，克制不容易，无论发生什么，都要时刻谨记不要迁怒于人，否则会闹得两败俱伤。

所以活着不必计算，更不必惦记一报还一报，逍遥一点，快乐一点，怨怼少了，别人舒服，自己也一样舒服。

守护自己心灵的花园

人们要学会经营和管理自己的心灵花园，因为想要造就一座什么样的花园，选择权在于自己。

每个人的心灵都是一座独特的花园，我们自己就是这座花园的园丁，这座花园里的兴衰荣败由我们自己决定，我们在花园里面播种什么，就会收获什么。对于一个品德高尚的人，他的心灵花园里长满了馥郁芳香的花朵、青翠挺拔的树木、绿意盎然的小草，这一切显得是那么生机勃勃，让每一个接近他的人，都被这心灵花园的春意所感动，这个人给人的感觉永远是那么怡然自得、从容不迫，宽容豁达，同时这也是策励人心向上的动力。

品德高尚的人离不开包容，离不开宽心，这是人类的美德，也是人类最为宝贵的财富。

包容是生命的根本机能，也是社会组织存在和发展不可或缺的机能。只要有一颗包容的心，相信很快就能感化别人，一旦对方感受到你的真诚，那么生活将会越来越美好。

从前，在苏伯比亚小镇有一对邻居，一个叫戴维，一个叫哈姆，但他们不是什么好邻居，虽然谁也记不清到底是为什么，但事实是，他们彼此都不喜欢对方。他们之间时有口角发生，尽管在院子里开剪草机修整草坪时，两人常常碰在一起，但多数情况下双方连招呼也不打。

有一年夏天，戴维和妻子外出度假两周。开始，哈姆和妻子并未注意到他们走了，本来两家势如水火，注意他们干什么？没看见他们反而清静。

一天傍晚，哈姆注意到戴维院子里的草已经很高了。自家草坪刚刚修剪

过，两相比较，看上去特别显眼。对于过往的行人来说，戴维和妻子很显然是不在家的，而且已离开很久了。哈姆想，这等于公开邀请夜盗入户，这太明显了，于是一个想法像闪电一样攫住了他。

哈姆又一次看着那杂乱无章的草坪，但心里真不愿去帮自己不喜欢的人。不管这种想法是多么坚定，可要去帮忙的念头却挥之不去。第二天早晨，哈姆起了个大早，趁自己还没有开始犹豫的时候，就把那块长疯了的草坪修剪好了！自己看着修剪好的草坪觉得盗贼应该能知道家里有人了，于是就离开了。

几天之后，戴维和妻子度假回来了。他们回来不久，哈姆就看见戴维在街上走来走去，他在整个街区每所房子前都停留过。最后他敲了哈姆家的门，哈姆开门时，戴维站在门外盯着他，脸上露出奇怪和不解的表情。

过了很久，戴维才说话。“哈姆，你帮我剪草了？”他问道。这是他很久以来第一次叫哈姆的名字。“我问了所有的人，都说是你干的，是真的吗？是你给我剪草了吗？”他的语气几乎像是在责备。

“是的，戴维，是我。”哈姆说。

戴维站了片刻，像是在考虑要说什么。最后他用低得几乎听不见的声音嘟囔着说了声“谢谢”，马上急转身走开了。戴维和哈姆之间就这样打破了沉默。他们还没发展到在一起打高尔夫球和保龄球的地步，他们的妻子也没有为了借点儿糖或是闲聊而频繁地走动，但他们的关系却在改善。至少，当剪草机开过的时候，他们相互之间有了笑容，有时甚至还会说一声“你好”。

说不定什么时候他们会在一起聊天，谁知道呢？他们或许会分享同一杯咖啡，这只是迟早的事情。

这就是包容的力量。只要有一颗包容的心，一切都将会越来越美好。

我们应该做一个辛勤负责的园丁，在我们心灵的花园里选择适合的种子，种子不一定要很名贵，但一定要对花园有益，因为种子正了，以后的树才不会歪。就是一株再普通不过的小草，我们也要让它郁郁葱葱。就像在生活中，如果自己没有什么丰功伟业，只有平凡，那么只有让自己的人生宽容豁达。也许是有人无意撒播，也许是有人恶意栽种，或许是一阵微风吹过留下的痕迹，我们的心灵花园会长出一些让人不喜欢的杂草，那么就需要及时把它们除去，不要让它蔓延开来，束缚了自己的心灵；心灵花园也需要经常的浇水和施肥，这样可以让每一个区都茂盛，让每一个区都芬芳。

那些名垂史册的伟人，心灵的花园里培植了名花名草，显示出震撼人心的美丽和高贵，历史虽然被尘封，但心灵的光辉却依然闪烁，让人永远的记住了他们。我们花园的每一个区都是世界上独一无二的，我们要在思想区种上常绿的松柏，让其坚韧挺拔；在情感区种上忘忧草，种上玫瑰花，种上康乃馨，于是我们就会因为爱和被爱而感动，浪漫的气息环绕着我们，浪漫的情怀感染着我们；在文化区种上兰花，种上文竹，种上所有清新淡雅的花草树木，让我们的心灵因为这些内容而充实；我们的心灵中还有许多区域，等待着种上迷人的花朵。所以说人们要学会经营和管理自己的心灵花园，因为想要造就一座什么样的花园，选择权在于自己。

第五章 每天给自己一点阳光

境由心造，人生处处有阳光

开放你的心灵，赢得整个世界

换种态度去对待生活

得意不忘形，失意也不忘形

清理暗角，自己拯救自己

让心灵与阳光同行

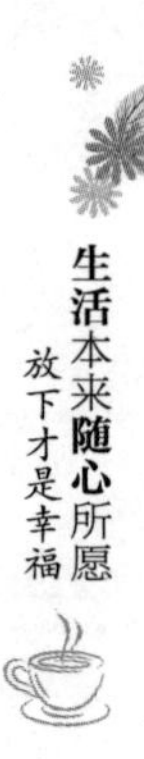

境由心造，人生处处有阳光

一个人如果能够在面对困难的时候，在衣襟上插着花，昂首阔步地向前走，那么他就永远不会成为失败者。

要想成功必须首先知道失败的含义，确切地说，成功与失败都无固定的定义，同时又是一个复杂的综合体，它有待于你去认识、去体会。人生的光荣不在于永不失败，而在于屡仆屡起。只要站起来比倒下去多一次，就是成功。

很多功成名就的人在走向成功的道路上同样经历过挫折与失败的考验。

著名科学家爱因斯坦小时候也遭受到同学们和老师的取笑，甚至辱骂。有一次手工课，老师从学生做的一大堆泥鸭子、布娃娃、蜡水果等作品中拿出一只很不像样的小木板凳，气愤地问：“你们谁见过这么糟糕的板凳？我想，世界上不会有比这更糟糕的凳子了。”爱因斯坦回答道：“有的。”然后他从书桌里拿出两只更不像样的凳子说：“这是我第一次和第二次做的。现在交给老师的是第三次做的，它并不使人满意，但总比这两只强些吧！”

19世纪法国著名小说家莫泊桑初学写作时，把习作送给当时著名作家福楼拜看，由于质量不高，福楼拜不客气地要他把它烧掉，并劝他踏踏实实地从学习观察社会的基本功做起。经过长期坚持不懈的努力，莫泊桑终于成为写短篇小说的大师。

罗曼·罗兰是18世纪著名作家、音乐家、社会活动家，他的第一篇小说《童年的恋爱》，送给当时一位权威批评家看时，也遭到否定，虽然他一时气得把原稿撕得粉碎，但他并没有灰心，继续坚持写作，终于成为世界闻名的大作家。

我国著名京剧表演艺术家盖叫天，为了表现武松的英姿，曾在眼皮中间撑两根火柴棒来练习把眼睛睁圆。为了使腿部笔直，他走路时在腿弯处绑上两根削尖的竹筷子。不知经历了多少挫折和失败，不知尝了多少辛酸苦辣，终于练成了戏台上的“活武松”。

挫折和失败，都是成功道路上不可或缺的伴侣。一切挫折和失败，都为成功提供了不可多得的思考和契机。

一位作家说：“对苦难的一次承担，就是自我精神的一次壮大。”每一个有识之士、有志之士，都不应在挫折和失败面前逃遁、沉沦，而应在挫折和失败中崛起、抗争，在挫折和失败中自强不息，才能促使人的精神走向理性、走向成熟。

一位父亲很为他的孩子苦恼。因为他的儿子已经十五六岁了，可是一点男子气概都没有。于是，父亲去拜访一位禅师，请他训练自己的孩子。禅师说：“你把孩子留在我这里。3个月以后，我一定可以把他训练成真正的男人，不过，这3个月里，你不可以来看他。”父亲同意了。

3个月后，父亲来接孩子。禅师安排孩子和一个空手道教练进行一场比赛，以展示这3个月的训练成果。教练一出手，孩子便应声倒地。他站起来继续迎接挑战，但马上又被打倒，他就又站起来……就这样来来回回一共16次。

禅师问父亲：“你觉得你孩子的表现够不够男子气概？”

父亲说：“我简直羞愧死了！想不到我送他来这里受训3个月，看到的结果是他这么不经打，被人一打就倒。”

禅师说：“我很遗憾，因为你只看到了表面的胜负。你有没有看到你儿子那种倒下去又立刻站起来的勇气和毅力呢？这才是真正的男子气概啊！”

我国古代哲人也说，境由心造。的确，如果我们想的都是快乐的事情，我们就能快乐；如果我们想的都是悲伤的事情，我们就会悲伤；如果我们在做事情之前想着一定能够成功，那么我们就会充满信心；如果我们满脑子想的失败情形，我们就会失败；如果我们沉浸在自怜里，大伙都会有意躲开我们……

卡耐基说：“一个人如果能够在面对困难的时候，在衣襟上插着花，昂首阔步地向前走，那么他就永远不会成为失败者。”

我们在遇到困难时应该选择积极的态度，用心找出问题的根源，然后果断地采取各种措施加以解决，让失败在我们的乐观态度里得以一一化解。

开放你的心灵，赢得整个世界

开放的心自由自在，可以飞得又高又远；而封闭的心像一池死水，永远没有机会进步。

心有多大，世界就有多大。如果不能打碎心中的四壁，你的翅膀就舒展不开，即使给你一片大海，你也找不到自由的感觉。

有一条鱼在很小的时候被捕上了岸，渔人看它太小，而且很美丽，便把它当成礼物送给了女儿。

小女孩把它放在一个鱼缸里养了起来。每天，这条鱼游来游去总会碰到鱼缸的内壁，心里便有一种不愉快的感觉。

后来鱼越长越大，在鱼缸里转身都困难了，女孩便为它换了更大的鱼缸，它又可以游来游去了。可是每次碰到鱼缸的内壁，它畅快的心情便会暗淡下来。它有些讨厌这种原地转圈的生活了，索性静静地悬浮在水中，不游也不动，甚至连食物也不怎么吃了。

女孩看它很可怜，便把它放回了大海。

它在海中不停地游着，心中却一直快乐不起来。

一天它遇见了另一条鱼，那条鱼问它："你看起来好像闷闷不乐啊！"

它叹了口气说："啊，这个鱼缸太大了，我怎么也游不到它的边！"

我们是不是就像那条鱼呢？在鱼缸中待久了，心也变得像鱼缸一样小了，不敢有所突破，有一天到了一个更为广阔的空间，已变得狭小的心反倒无所适从了。

打开自己，需要开放自己的胸怀。

开放，是一种心态、一种个性、一种气度、一种修养；是能正确地对待自己、他人、社会和周围的一切；是对自己的专业和周围的世界都怀有强烈的兴趣，喜欢钻研和探索；是热爱创新，不墨守成规，不故步自封、不固执僵化；是乐于和别人分享快乐，并能抚慰别人的痛苦与哀伤；是谦虚，勇于承认自己的不足，并能乐观地接受他人的意见，而且非常喜欢和别人交流；是乐于承担责任和接受挑战；是具有极强的适应性，乐意接受新的思想和新的经验，能够迅速适应新的环境；是坚强，敢于面对任何的否定和挫折，不畏惧失败。

不打开自己，一个人就不可能学会新东西，更不可能进步和成长。开放的胸怀，是学习的前提，是沟通的基础，是提升自我的起点。在一个组织里，最成功的人就是拥有开放胸怀的人，他们进步最快，人缘最好，也容易获得成功的机会。

具有开阔胸怀的人，会主动听取别人的意见，改进自己的工作。比尔·盖茨经常对微软的员工说："客户的批评比赚钱更重要。从客户的批评中，我们可以更好地汲取失败的教训，将它转化为成功的动力。"比尔·盖茨本人就是一个心态非常开放的人，他鼓励公司里每个人畅所欲言，当别人和他有不同意见时，他会很虚心地去听。每次公开讲演之后，他都会问同事哪里讲得好，哪里讲得不好，下次应该怎样改进。这就是世界巨富的作风，也是他之所以能成为巨富的潜质。

开放的心自由自在，可以飞得又高又远；而封闭的心像一池死水，永远没有机会进步。如果你的心过于封闭，不能接纳别人的建议，就等于锁上一扇门，禁锢了你的心灵。要知道褊狭就像一把利刃，会切断许多机会及沟通的渠道。

花草因为有土壤和养分，才会茁壮成长、美丽绽放，人的心灵也必须不断接受新思想的洗礼和浇灌，否则智慧就会因为缺乏营养而枯萎死亡。

打开你的心，让想象力自由翱翔，让你成功的希望越飞越高吧。

换种态度去对待生活

乐观的人，在每一个忧患中看到机会；悲观的人，在每一个机会中看到忧患。

一样的事情，可以选择不同的态度对待。选择积极的方面，并作出积极的努力，就一定会看到前方的风景。

两个小桶一同被吊在井口上。

其中一个对另一个说："你看起来似乎闷闷不乐，有什么不愉快的事吗？"

另一个回答："我常在想，这真是一场徒劳，没什么意思。常常是这样，装得满满地上去，又空着下来。"

第一个小桶说："我倒不觉得如此。我一直这样想：我们空空地下来，装得满满地上去！"

很多事情，站在不同的立场，便有不同的看法，正面的想法产生积极的效果，负面的想法产生消极的效果。乐观的人，在每一个忧患中看到机会；悲观的人，在每一个机会中看到忧患。

普希金说，假如生活欺骗了你，不要忧郁，也不要愤慨。我们的心憧憬着未来，现实总是令人悲哀。一切都是暂时的，转瞬即逝，而那逝去的将变为可爱。

鲁滨孙太太这样描述她的经历：

美国庆祝陆军在北非获胜的那一天，我接到国防部送来的一封电报，我的侄儿——我最爱的一个人在战场上失踪了。过了不久，又来了一封电报，说他已经死了。

我悲伤得无以复加。在那件事发生以前，我一直觉得生命非常美好，我有一份自己喜欢的工作，并努力带大了侄儿。在我看来，他代表着美好的一切。我觉得我以前的努力，现在都有很好的收获……然而收到了这些电报，我的整个世界都粉碎了，我觉得再也没有什么值得我活下去。我开始忽视自己的工作，忽视朋友，我抛开了一切，既冷淡又怨恨。为什么我最疼爱的侄儿会离我而去？为什么一个这么好的孩子，还没有真正开始他的生活，就死在战场上？我没有办法接受这个事实。我悲痛欲绝，决定放弃工作，离开我的家乡，把自己藏在眼泪和悔恨之中。

就在我清理桌子、准备辞职的时候，突然看到一封我已经忘了的信，从我已经死了的侄儿那里寄来的信。是几年前我母亲去世的时候，他给我写来的一封信。“当然我们都会想念她的，”那封信上说，“尤其是你。不过我知道你会撑过去的，以你个人对人生的看法，就能让你撑过去。我永远也不会忘记那些你教我的美丽的真理：不论活在哪里，不论我们分离得多么远，我永远都会记得你教我要微笑，要像一个男子汉一样承受所发生的一切。”

我把那封信读了一遍又一遍，觉得他似乎就在我的身边，正在对我说话。他好像在对我说：“你为什么不照你教给我的办法去做呢？撑下去，不论发生什么事情，把你个人的悲伤藏在微笑底下，继续过下去。”

于是，我重新开始工作。我不再对人冷淡无礼。我一再对自己说：“事情到了这个地步，我没有能力改变它，不过我能够像他所希望的那样继续活下去。”我把所有的思想和精力都用在工作上，我写信给前方的士兵——别人的儿子们。晚上，我参加成人教育班，寻找新的兴趣，结交新的朋友。朋友们都不敢相信发生在我身上的种种变化。我不再为已经永远过去的那些事悲伤，我现在每天的生活都充满了快乐，就像我侄儿要我做到的那样。

鲁滨孙太太讲完这些话，嘴角泛起一丝笑意。

心里装着哀愁，眼里看到的就全是黑暗，抛弃已经发生的令人不痛快的事情或经历，才会迎来好心情下的乐趣。

你知道汽车轮胎为什么能在路上跑那么久，忍受那么多颠簸吗？起初，制造轮胎的人想制造一种轮胎，能够抗拒路上的颠簸，结果轮胎不久就被切成了

碎条。然后他们又做了一种轮胎，吸收路上新碰到的各种压力，这样的轮胎可以“接受一切”。

在曲折的人生路上，如果我们也能够承受所有的挫折和颠簸，化解与消释所有的困难与不幸，我们就能够活得更长久，我们的人生之旅就会更加顺畅、更加开阔。

面对人生中的诸多事情，也许我们没法去改变和扭转，但是我们可以选择不同的态度去面对。有时，换个角度看人生，我们会得到意想不到的收获。

得意不忘形，失意也不忘形

走出阴影，沐浴在明媚的阳光中。不管过去的一切多么痛苦，多么顽固，把它们抛到九霄云外。

弘一法师有云：“事当快意处，须转。言到快意时，须住。殃咎之来，未有不始于快心者。故君子得意而忧，逢喜而惧。”这句话的意思是，人在得意时需要打住，静静地内省，不能忘形，以免因此而使自己不慎犯错。

一只风筝在微风中飘然升起，越过了屋顶，飘过了树梢。这时，站在树上的花喜鹊对它说：“风筝大哥，你飞得真好！”

“不。”风筝谦虚地说，“要不是有风，要不是有线牵着我，我是飞不好的！”

风越来越大了，线越放越长了，风筝也越飞越高了。等它飞过山顶的时候，心里就有些飘飘然了：“啊！当我躺在屋里桌子上的时候，怎么也不知道我原来也是一个飞翔的天才！”

风筝随着风在不停地上升、上升，一直飞到了白云之上。当它俯视地面的时候，地上的房屋、树木、河流，甚至大山都显得那么渺小，就连平时高飞的雄鹰，现在也在它的脚下。它心里有一种说不出的滋味，仿佛自己的身体也在膨胀，变得高大起来。

“喂！”它毫不客气地对在它脚下盘旋的雄鹰说，“抬起头来看看我！过去人们总是赞扬你飞得高，现在怎么样？我比你飞得还要高！”

雄鹰抬头看看它，并没有与它争辩，只是意味深长地瞅了瞅它身下那根长长的线，微微一笑。

这样一来，风筝更沉不住气了，涨红了脸说：“你这是什么意思？好像我离了线就不能飞似的！其实，我还可以飞得更高些，都怪这根可恶的线！”为了显示自己的才能，风筝拼命挣扎，只听得“嘭”的一声，拴在它身上的线断了。风筝很得意，心里想：这下可好了！我可以自由飞翔了，想飞多高就飞多高！果然，在断线的瞬间，它迅猛地向上冲了好大一截。谁知它很快便失去了重心，在风中身不由己地向下翻滚，最后一头栽进了臭水沟。

风筝离开了线便会跌跤，人过于忘形而脱离底线，就容易遭遇挫折。可见“得意忘形”会害人不浅。

不过，对于“得意忘形”，人们往往很容易理解，然而世间还存在一种情况——“失意忘形”。其意思也不难理解，就是说有的人本来很好，富贵得意，对任何事情都处理得很好，然而一旦失意，连人也不愿意见，自卑、烦恼接踵而至，完全像变了一个人一样。

不要得意忘形，这是很难做到的。一个人发了财，有了地位，或者有了学问，自然气势就很高，得意就忘形了，所以人要做到得意不忘形很难。但是还有另一面，有许多人是失意忘形，这种人可以在功名富贵的时候，修养很好，一到了没有功名富贵的时候，就都完了，都变了；自己觉得自己都矮了，都小了，变成失意忘形。

得意忘形与失意忘形，同样都是没有修养，都是不对的，换句话说，是心有所住。有所住，就被一个东西困住了。真正学佛法，并不是叫你崇拜偶像，并不是叫你迷信，应无所住而行布施，是解脱，是大解脱，一切事情，物来则应，过去不留。

走出阴影，沐浴在明媚的阳光中。不管过去的一切多么痛苦，多么顽固，把它们抛到九霄云外。不要让担忧、恐惧、焦虑和遗憾消耗你的精力。

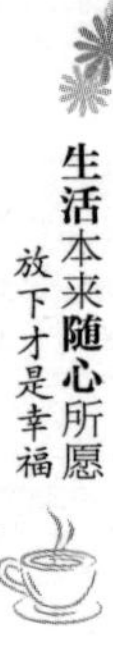

要主宰自己，做自己的主人，从从容容才是真。一首耳熟能详的老歌唱道：“曾经在幽幽暗暗反反复复中追问，才知道平平淡淡从从容容才是真。”一语道出了人生的真谛。

清理暗角，自己拯救自己

你的人生是贫穷还是富有，是黑白还是彩色，都在于你自己。

在人类的心灵里，有一个暗角。这是一个不为人知的领域，没有被开发，也没有被研究过。这个暗角里隐藏了各种人性本能的欲望，诸如胆怯，欺骗，嫉妒等情绪。这些情绪让人的生命变成黑白，毫无色彩感，这样的人生是苍白无趣的，要想拯救自己脱离出这样的人生，便只有靠自己清理掉这样的暗角。

能够保持积极的心境是一门生活的艺术，你是用积极、乐观的思维方式看世界，还是用消极、悲观的想法回避现实世界？同样的事物，以不同的态度、方法去对待，结果自然也就完全不同，这就看你自己的行动了。

美国前总统尼克松在水门事件被迫辞职之后，久久沉浸在突然面临的失落与忧愤、媒体的穷追猛打、熟人朋友的避之大吉之中，还时常沉浸在自己两次当选的辉煌与现在穷途末路境地的强烈反差中。这一切使得62岁的尼克松患上了内分泌失调和血栓性静脉炎，几乎是在苟延残喘地度日。然而他并没有在不利的环境中倒下，而是及时地调整了自己的心态，他告诫自己：“批评我的人不断地提醒我，说我做得不够完美，没错，可是我尽力了。”

他不畏惧失败，因为他知道还有未来。他始终相信“勇往直前者能够一身创伤地回来”，也就是能重新调整心态来迎接新的挑战和争取新的胜利，鼓舞自己从挫折中走出来。在这之后，他连续撰写并出版了《尼克松回忆录》《真正的战争》《领导者》《不再有越战》《超越和平》等巨著，以自己独特的方式继续为国家服务，也实现了人生应有的价值。

帕拉马汉萨·尤格南达说："世界上有这么多可爱之处，为什么只盯着阴沟里的污水呢？任何伟大的艺术品、音乐和文学作品中都可能有瑕疵，但是我们只欣赏其中的魅力和奇妙之处不是更好吗？"

逆境中，人的情绪会极度消沉，要学会自己拯救自己，尽快走出失败的阴影。我们正视失败并不意味着消极地承受，正好相反，它意味着转败为胜的可能。只要我们拥有自信，以一种乐观而积极的态度坚持奋斗，就必能突破困境。

卡拉曾是一个很消极的人，多年前的一个晚上，他散步到长岛的一处草地上，计划在那里自杀。他觉得生命已无任何意义可言，生活中已无任何希望，他随身带了一瓶毒药，一口喝尽，躺在那儿等死。

第二天晚上，他睁开眼睛，看到月光皎洁的夜空，十分惊异。他想不通自己为什么没有死，他始终认为，这是上帝的意思，上帝希望他活下来，因为另有任务给他。当他知道自己仍然活着，突然间重新有了生存的渴望，他感谢上帝的恩赐，让他活下来，并且下定决心，一定要活下去，要以帮助他人为职责。

后来，卡拉成了一位特殊的积极思想者，他把帮助他人当作自己生命的全部使命。

其实，每个人的一生都是在失败的挑战中度过的。经验来自于磨难的升华。生活中最可怕的是不能从逆境中用自己的智慧战胜它，而一直被逆境所困。要有足够的勇气设法扭转这个局面，不要逃避、不要拒绝，以此为跳板，这样才能走向成功。

当然，要达到这样的境界，就要有一个健康的心境。为此，我们要保持积极向上的心态，经常开怀大笑。积极的情绪不仅能使自己显示青春活力，还将有助于增强机体免疫力，使机体免受疾病的侵袭。

面对人生，我们应学会清理暗角，保持乐观的心态，在逆境中学会自己拯救自己。

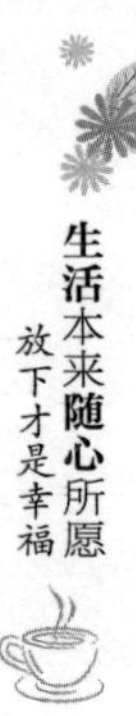

让心灵与阳光同行

积极，是获得成功的一种途径。

心态，是一种神奇的力量，千万不要忽视这种力量的作用，它能让天堑变通途，腐朽化神奇。拥有一颗感恩的心，便拥有了一种积极的心态，就能在任何时候享受到鲜花的芬芳、温暖的阳光。

有积极心态的人能在忧患中发现机会，看到希望，从而保持进取的旺盛斗志去克服一切困难。

两个年轻人结伴去深圳淘金，一下火车就感受到深圳与其他城市之间的巨大差异，像水这日常生活中必不可少的物质，得花钱买。于是两个人的反应截然不同，一位十分沮丧地说："完了，这鬼地方连水都要钱买，看样子是难以立足了。"而另一位则十分高兴地说："太好了，连水都能赚钱，这里的钱一定很好赚。"到后来，前者沦为乞丐，后者变为富翁。

两个有着共同起点的人，只因为两种不同的心态，产生了两种截然不同的结果，这不能不让人想到，成功处处都在，却只有积极乐观心态的人才能收获成功。

积极，是获得成功的一种途径。这说明，人们不管做什么事情，心态很重要，你抱着什么样的心态，结果也就会随着你的心态而改变。有时候，即使身处绝境，只要怀着积极的心态，坚持不懈，乐观也能带自己走出困境。

1939年，德国军队占领了波兰首都华沙，此时，卡亚和他的女友迪娜正在筹办婚礼。卡亚做梦都没想到，他和其他犹太人一样，在光天化日之下被纳粹推上卡车运走，关进了集中营。卡亚陷入了极度的恐惧和悲伤之中，在不断的摧残和折磨中，他的情绪极其不稳定，精神遭受着痛苦的煎熬。一同被关押的一位犹太老人对他说："孩子，你只有活下去，才能与你的未婚妻团聚。记住，要活下去。"卡亚冷静下来，他下定决心，无论日子多么艰难，一定要保持积极的精神和情绪。

所有被关在集中营的犹太人，他们每天的食物只有一块面包和一碗汤。许多人在饥饿和严酷刑罚的双重折磨下精神失常，有的甚至被折磨致死。卡亚努力控制和调适着自己的情绪，把恐惧、愤怒、悲观、屈辱等抛之脑后，虽然他的身体骨瘦如柴，但精神状态却很好。

5年后，集中营里的人数由原来的4000人减少到不足400人。纳粹将剩余的犹太人用脚镣铁链连成一长串，在冰天雪地的隆冬季节，将他们赶往另一个集中营。许多人忍受不了长期的苦役和饥饿，最后死于茫茫雪原之上。在这人间炼狱中，卡亚奇迹般地活下来。他不断地鼓舞自己，靠着坚韧的意志力，维持着衰弱的生命。

1945年，盟军攻克了集中营，解救了这些饱经苦难、劫后余生的犹太人。卡亚活着离开了集中营，而那位给他忠告的老人，却没有熬到这一天。若干年后，卡亚把他在集中营的经历写成一本书。他在前言中写道："如果没有那位老者的忠告，如果放任恐惧、悲伤、绝望的情绪在我的心间弥漫，很难想象，我还能活着出来。"是卡亚自己救了自己，是他用积极乐观的情绪救了自己。

"感恩我还活着，只要我活着，就不会让任何人把我打垮"，卡亚正是凭着这样一种积极的心态才在极其艰难的情况下活了过来，这就是积极的活法。

如果我们想获得生活的幸福与美满，或者事业的成功与辉煌，不再成为阴霾的奴隶，那么我们就要让心态永远与阳光同行，积极拥抱生活。

第六章 世上没有过不去的坎

想开看开，没有过不去的坎

在苦难和困境中坚守信念

敢于尝试，勇于拼搏

跌倒了，爬起来

留住心中希望的种子

困境面前，再给自己一个机会

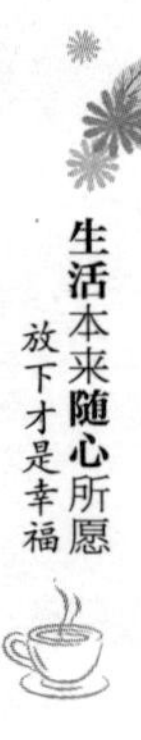

想开看开，没有过不去的坎

没有一个冬天不可逾越，没有一个春天不会来临。

四时有更替，季节有轮回，严冬过后必是暖春，这符合大自然的发展规律。否极泰来、苦尽甘来、时来运转等成语无不反映了人们的一种美好愿望：逆境达到极点就会向顺境转化，坏运到了尽头好运就会来到。

所以，我们坚信，没有一个冬天不可逾越，没有一个春天不会来临。这是对生活的信心，也是对生活的希望，有了信心与希望，无论事情再糟糕，我们也会有面对现实的勇气和决心。

约翰是一个汽车推销商的儿子，是一个典型的美国孩子。他活泼、健康，热衷于篮球、网球、垒球等运动，是中学里一个众所周知的优秀学生。后来约翰应征入伍，在一次军事行动中他所在部队被派遣驻守一个山头。激战中，突然一颗炸弹飞入他们的阵地，眼看即将爆炸，他果断地扑向炸弹，试图将它扔开。可是炸弹却爆炸了，他被重重地炸倒在地上，当他向后看时，发现自己的右腿右手全部炸掉了，左腿变得血肉模糊，也必须截掉了。一瞬间他想哭，却哭不出来，因为弹片穿过了他的喉咙。人们都以为约翰再也不能生还，但他却奇迹般地活了下来。

是什么力量使他活了下来？是格言的力量。在生命垂危的时候，他反复诵读贤人先哲的这句格言："如果你懂得苦难磨炼出坚韧，坚韧孕育出骨气，骨气萌发不懈的希望，那么苦难会最终给你带来幸福。"约翰一次又一次默念着这段话，心中始终保持着不灭的希望。然而，对于一个三截肢（双腿、右臂）的年轻人来说，这个打击实在太大了！在深深的绝望中，他又看到了一句先哲格言："当你被命运击倒在最底层之后，再能高高跃起就是成功。"

回国后，他从事了政治活动。他先在州议会中工作了两届。然后，他竞选副州长失败。这是一次沉重的打击。但他用这样一句格言鼓励自己：“经验不等于经历，经验是一个人经过经历所获得的感受。”这指导他更自觉地去尝试。紧接着，他学会驾驶一辆特制的汽车并跑遍全国，发动了一场支持退伍军人的事业。那一年，总统命他担任全国复员军人委员会负责人，那时他34岁，是在这个机构中担任此职务最年轻的一个人。约翰卸任后，回到自己的家乡。1982年，他被选为州议会部长，1986年再次当选。

后来，约翰成为亚特兰城一个传奇式人物。人们可以经常在篮球场上看到他摇着轮椅打篮球。他经常邀请年轻人与他做投篮比赛。他曾经用左手一连投进了18个空心篮。

引用一句格言说：“你必须知道，人们是以你自己看待自己的方式来看你的。你对自己自怜，人家则会报以怜悯；你充满自信，人们会待以敬畏；你自暴自弃，多数人就会嗤之以鼻。”一个只剩一条手臂的人能成为一名议会部长，能被总统赏识担任一个全国机构的要职，是这些格言给了他力量。同时，他的成功也成了这些格言的有力佐证。

天无绝人之路，生活有难题，同时也会给我们解决问题的能力与方法。约翰之所以能够生存下来并创造事业的辉煌，是因为他坚信人生没有过不去的坎儿，坚信冬天之后春天一定会来临。他在困难面前没有低头，昂首挺进，直至迎来了生命的春天。

生活并非总是艳阳高照，狂风暴雨随时都有可能来临。但是每一个人都需要将自己振作起来，以一种勇敢的人生姿态去迎接命运的挑战。请记住，冬天总会过去，春天总会来到。度过寒冬，我们一定会生活得更好。

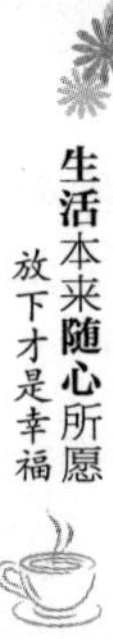

在苦难和困境中坚守信念

苦难，是信念的试金石，它所磨炼出的是人生的光辉和美丽。

人是万物的灵长，人类最奇特的天赋，莫过于有一颗无比聪慧的心，而信念则是人心最奥妙的东西之一。人世间一切卓越的功勋和伟大业绩的建成，都是坚强的信念所结的果实。当遇到挫折和困境时只要我们心中有一个坚定的信念，努力坚持下去，就一定可以渡过难关。

受到世人敬仰的南非总统曼德拉就是一位这样的伟人。

出身于腾希族的曼德拉如果遵从命运或家庭的安排，他的人生本来是可以一帆风顺的。曼德拉的父亲是腾希族大酋长的首席顾问，按照他父亲和大酋长的意愿，要把他培养成酋长。

曼德拉的梦想是成为一名律师。当22岁的曼德拉知道自己将要被培养为酋长，而他已下定决心绝不做统治压迫人民的事时，他选择了逃跑，以此来抗拒让他担任酋长的决定。

曼德拉逃到了约翰内斯堡。在这个城市，他看到了白人和黑人生活的鲜明对照：白人生活在宽阔的市郊，到处是繁荣兴盛的景象；可是非洲人（即“土著人”）却被限制在许多“郊区土著人乡镇”和城市贫民窟里，居住拥挤，条件极差，还不断地受到警察的抄查。

他的政治态度因此受到影响，黑人严峻的生活环境和被曼德拉称为“疯狂的政策”的种族隔离，使曼德拉踏上了一生为黑人解放而进行斗争的征程。他参与“青年联盟”，领导全国蔑视运动，组织黑人进行对白人的斗争。

1952年，曼德拉因领导全国蔑视种族隔离制度运动而被捕入狱。获释后，他继续坚持斗争。之后的日子里，曼德拉多次被捕，并遭到南非当局的通缉。他的斗争使他多年都未能与妻子、女儿团聚，而他的妻子也多次被捕。1962

年，曼德拉因莫须有的“叛国罪”被判为终身监禁。面对监禁，他说：“在监狱中受煎熬与在监狱外相比算不了什么。我们的人民在监狱内外受着苦难，但是光受苦还不够，我们必须斗争。”他没有妥协，没有退缩，在狱中坚持斗争。他拒绝南非当局提出的释放条件——只要放弃斗争就给他自由，他说：“我的自由同非洲人的自由在一起。”

这次的监禁持续了28年！人的一生能有几个28年呢，何况是在最年富力强的时候。但是以信念坚强著称于世的曼德拉对理想的追求仍矢志不渝。

有些人一旦遭遇困难就会对自己的追求产生怀疑，并有可能半途而废；但有些人一旦认定自己的目标，就绝不放手，顽强拼搏的精神在他们的身上得到完美的体现。成功的一个很重要的因素，就是心中有崇高的信念，当这个信念变作一种信仰深植于人们的心中时，他们便不会把自己轻易放弃。苦难和困境，对每一个人来讲正是考验信念是否具有顽强心态的时机。

在曼德拉的身上，我们看到许多优秀品质，还有高贵的人格魅力。正是这种超人的意志让他在牢狱中仍然能坚持自己的信念，他要忠于他的理想与信仰。与他相似的还有一位被印度人民称颂为“圣雄”的伟人甘地。

甘地是一位矮小的瘦弱的老头，手无缚鸡之力，却能带领印度人民走向独立。他以自己坚韧的性格，给千万人带来了独立与和平。

就其外在形象而言，甘地真无法与“圣雄”联系起来，更难使人想到他有王者般的威严。提及他，人们自然而然地会联想到这样的形象：身材矮小，体质瘦弱，腰间缠着一块布，赤裸着上身，头发稀疏，鼻梁上架着一副廉价的眼镜。这位其貌不扬的男子，却拥有钢铁般的意志，并为一个民族的自由构造了一套特殊的模式。这位将毕生精力置于非暴力不合作运动的政治家，几乎是在没有印度以外政治权威支持下，孤身一人从事民族解放事业。

他的非暴力抵抗运动和独立热情加速了英国殖民主义在印度的灭亡。这一切，假如没有坚定的信念和意志，很难想象他能够将自己的事业进行到生命的最后一刻。他有一种高尚的人格，这种人格是一种不可抗拒的力量，是一种令人折服的魅力，而这种力量和魅力来源于他的不懈追求，来源于艰苦生活的种种磨炼，来源于永闪光辉的坚强意志。这是甘地生命中的闪光点。

甘地以苦行主义的心态对待他所追求的事业，并且孜孜不倦，不屈不挠。对于非暴力主义思想，甘地始终如一地将之贯彻于革命行动。他以宗教式的虔诚和苦行僧般的生活方式坚持着自己的信仰，即使被捕入狱，他也非常坦然，从未改变过他的信仰。

信念成就了这些伟人的辉煌，正是因为在苦难之中不屈不挠，坚守自己的信念，他们的人生才由此变得绚烂而伟大。而苦难，就是信念的试金石，它所磨炼出的是人生的光辉和美丽。

在我们艳羡他人的成就时，是不是可以问问自己：在面对苦难时，我们自己是否也能够坚守信念，顽强奋进？

敢于尝试，勇于拼搏

成功是一位贫乏的教师，它能教给你的东西很少；我们在失败的时候，学到的东西最多。

成功，是从不断的挫折和失败中建立起来的，它不仅是一种结果，更是一种不怕失败，在磨难中永不屈服的能力。松下幸之助说：“成功是一位贫乏的教师，它能教给你的东西很少；我们在失败的时候，学到的东西最多。”因此，不要害怕失败，失败是成功之母。没有失败，我们不可能成功。

人的一生绝不可能是一帆风顺的，既有成功的喜悦，也有扰人的烦恼；既会经历波澜不兴的坦途，更有布满荆棘的坎坷与险阻。在挫折和磨难面前，畏缩不前的是懦夫，奋而前行的是勇者，攻而克之的是英雄。

逆境是一片惊涛骇浪的大海，我们既可以在那里锻炼胆识，磨炼意志，获取宝藏，也有可能因胆怯而后退，甚至被吞没。这一切就看我们采取何种态度面对人生路上的种种逆境。

从前，中国有一个将军在前线领兵打仗，但总是被打败。当必须向上司呈交战绩报告书时，为了据实报告，他写下了一句“屡战屡败”，心中非常难过并担忧起来，心想此报告书呈上后可能将会受到严厉的惩罚，或是降职，或是丢官，或是更严重的处治！

当他正为此烦恼时，他的一位聪明的军师，在看了他的报告后，对他说：“让我来为你做点小小的修改就没事了。”

于是他拿起笔来重抄一遍，只是将“屡战屡败”改为“屡败屡战”，其余皆一字不变。结果如何呢？报告呈上后不久将军接到回音，上级不但没有处罚他，反而因其英勇过人而升他的职！

一个人屡战屡败并不表示他就是一个失败者；一个人能够屡败屡战，就表示他并未失败。只要一个人的斗志还在，他就不是一个失败者。

检验一个人的意志与能力，最好是在他失败的时候：看失败能否唤起他更多的勇气；看失败能否使他更加努力；看失败能否使他发现新力量，挖掘潜力；失败了以后，看他是更加坚强还是就此心灰意冷。

在挫折和失败面前，我们必须有永不言败的心态：惭愧而不气馁，内疚而不失望，自责而不伤感，悔恨而不丧志。在失败中踏出一条新路，才有希望摘取成功的桂冠。

“山重水复疑无路，柳暗花明又一村”，世上没有死胡同，就看我们如何去寻找出路。

若每次失败之后都能有所“领悟”，把每一次失败都当做成功的前奏，那么就能化消极为积极，变自卑为自信。作为一个现代人，应具有迎接失败的心理准备。世界充满了成功的机遇，也充满了失败的风险，所以我们要不断提高应付挫折与干扰的能力，调整自己，增强社会适应力，坚信失败乃成功之母。

成功之路难免坎坷和曲折，有些人把痛苦和不幸作为退却的借口，也有人在痛苦和不幸面前寻得复活和再生。只有勇敢地面对不幸和超越痛苦，永葆青春的朝气和活力，用理智去战胜不幸，用坚持去战胜失败，我们才能真正成为自己命运的主宰，成为掌握自身命运的强者。

屈原放逐乃赋《离骚》，司马迁受宫刑乃成《史记》，就是因为他们无论

什么时候都不气馁、不自卑，都有坚忍不拔的意志。有了这一点，就会挣脱困境的束缚，迎来光明的前景。磨难是获得成功的一种方式。不懂得在痛苦中丰富和提高自己的人，多半是愚蠢和懦弱的。当我们遇到种种挫折和问题时，既不能回避，也不要沮丧，而是正视困境，多想办法，迎难而上，这样才能使自己与智慧结下缘分，让磨难铸就我们的辉煌人生。

跌倒了，爬起来

在失败和磨难面前，我们都应该做到昂首挺胸，其实就是“跌倒了再站起来，在失败中求胜利”。

“自古雄才多磨难，从来纨绔少伟男”，人们最出色的成绩往往是在挫折中做出的。挫折和磨难使我们变得聪明和成熟，正是不断从失败中汲取经验，我们才能获得最终的成功。我们要愉快地接受自己和他人，要能容忍不利的因素，学会自我宽慰，情绪乐观、满怀信心地去争取成功。

磨难实在是人生不可多得的一笔财富。有人说，不要做在树林中安睡的鸟儿，要做在雷鸣般的瀑布边也能安睡的鸟儿，就是这个道理。磨难并不可怕，只要我们学会去适应，那么磨难带来的逆境，反而会让我们拥有进取的精神和百折不挠的毅力。

德国有一位名叫班纳德的人，在风风雨雨的50年间，他遭受了200多次磨难的洗礼，成为世界上最倒霉的人，但这些也使他成为世界上最坚强的人。

他出生后14个月，摔伤了后背；之后又从楼梯上掉下来，摔残了一只脚；再后来爬树时又摔伤了四肢；一次骑车时，忽然不知从何处刮来一阵大风，把他吹了个人仰车翻，膝盖又受了重伤；13岁时掉进了下水道，差点窒息；一次，一辆汽车失控，把他的头撞了一个大洞，血如泉涌；又有一辆垃圾车，倒垃圾时将他埋在了下面；还有一次他在理发屋中坐着，突然一辆飞驰的汽车驶了进来……

他一生遭遇无数灾祸，在最为晦气的一年中，竟遇到了17次意外。

令人惊奇的是，老人一直健康地活着，心中充满着自信。他历经了200多次磨难的洗礼，还怕什么呢？

我们在埋怨自己生活多磨难的同时，不妨想想这位老人的人生经历，或许还有更多多灾多难的人们，与他们相比，我们的困难和挫折算什么呢？只要我们内心足够自信与强大，生命就能屹立不倒。

面对磨难，面对失败，我们不要过于苛求自己，而是应该给予自己激励和勇气。

巴西足球队第一次赢得世界杯冠军回国时，专机一进入国境，16架喷气式战斗机立即为之护航，当飞机降落在道加勒机场时，聚集在机场上的欢迎者达3万人。从机场到首都广场不到20公里的道路上，自动聚集起来的人群超过了100万。多么宏大和激动人心的场面！然而前一届的欢迎仪式却是另一番景象。

1954年，巴西人都认为巴西队能获得世界杯冠军。可是，天有不测风云，在半决赛中巴西队却意外地败给法国队，结果那个金灿灿的奖杯没有被带回巴西。球员们悲痛至极。他们想，去迎接球迷的辱骂、嘲笑和汽水瓶吧，足球可是巴西的国魂。

飞机进入巴西领空，他们坐立不安，因为他们的心里清楚，这次回国凶多吉少。可是当飞机降落在首都机场的时候，映入他们眼帘的却是另一种景象。巴西总统和两万名球迷默默地站在机场，他们看到总统和球迷共举一条大横幅，上书：失败了也要昂首挺胸。

队员们见此情景顿时泪流满面。总统和球迷们都没有讲话，他们默默地目送着球员们离开机场。4年后，他们终于捧回了冠军奖杯。

在失败和磨难面前，我们都应该做到昂首挺胸，其实就是“跌倒了再站起来，在失败中求胜利”，这是历代伟人的成功秘诀。只有敢于与失败抗争，才有可能锻造非凡的意志力，才有可能打通成功的隧道。使个人成功的，使军队

胜利的，实际上就是这样一种精神。跌倒不算失败，跌倒了站不起来，才是真正的失败。

有人问一个孩子，他是怎样学会溜冰的，那孩子回答道："哦，跌倒了爬起来，爬起来再跌倒，就学会了。"小孩尚且懂得这样的道理，更何况我们呢？

因此，面对生活的磨难和失败，我们都不应消极沉沦。越是磨难的生活，我们越是要充满自信，即使失败了也要昂首挺胸地面对它。

留住心中希望的种子

留住心中"希望的种子"，即使失败了，也不过是从头再来。

当我们回望世界上那些成功人士的平生经历时，就会发现，那些声震寰宇的伟人，都是在经历过无数的失败后，又重新开始拼搏才获得最后的胜利的。

世事无常，我们随时都会遇到困厄和挫折。遇见生命中突如其来的困难时，我们不要把自己禁锢在眼前的困苦中，眼光放远一点，当我们看得见成功的未来远景时，便能走出困境，达到梦想的目标。

当我们处于厄运的时候，当我们面对失败的时候，当我们面对重大灾难的时候，只要我们仍能在自己的生命之杯中盛满希望之水，那么，无论遭遇什么样坎坷不幸之事，我们都能永葆快乐心情，我们的生命之花才不会枯萎。

在一座偏僻遥远的山谷的断崖上，不知何时，长出了一株小小的百合。它刚诞生的时候，长得和野草一模一样，但是，它心里知道自己并不是一株野草。它的内心深处，一直有一个这样的念头："我是一株百合，不是一株野草。唯一能证明我是百合的方法，就是开出美丽的花朵。"它努力地吸收水分和阳光，深深地扎根，直直地挺着胸膛，对附近的杂草置之不理。

在野草和蜂蝶的鄙夷下，百合努力地释放内心的能量。百合说："我要开花，是因为知道自己有美丽的花；我要开花，是为了完成作为一株花的庄严使命；我要开花，是由于自己喜欢以花来证明自己的存在。不管你们怎样看我，我都要开花！”

终于，它开花了。它那灵性的白和秀挺的风姿，成为断崖上最美丽的风景。年年春天，百合努力地开花、结籽，最后，这里被称为“百合谷地”，因为这里到处是洁白的百合。

不管别人怎么欣赏，满山的百合花都谨记着第一株百合的教导：“我们要全心全意默默地开花，以花来证明自己的存在。”

我们生活在一个竞争十分激烈的社会，有时在某方面一时落后，有时困难重重，有时失败连连，甚至有时被人嘲笑……无论什么时候，我们都不能放弃努力；无论什么时候，我们都应该像那株百合一样，为自己播下希望的种子。

内心充满希望，它可以为我们增添一分勇气和力量，它可以支撑起我们一身的傲骨。当莱特兄弟研究飞机的时候，许多人都讥笑他们是异想天开，当时甚至有句俗语说：“上帝如果有意让人飞，早就使他们长出翅膀。”但是莱特兄弟毫不理会外界的说法，终于发明了飞机。当伽利略以望远镜观察天体，发现地球绕太阳而行时，教皇曾将他下狱，命令他改变主张，但是伽利略依然继续研究，并著书阐明自己的学说，终于在后来获得了证实。

暂时的落后一点都不可怕，自卑的心理才是可怕的。人生的不如意、挫折、失败对人是一种考验，是一种学习，是一种财富。我们要牢记“勤能补拙”，既能正确认识自己的不足，又能放下包袱，以最大的决心和最顽强的毅力克服这些不足，弥补这些缺陷。人的缺陷不是不能改变，而是看我们愿不愿意改变。只要下定决心，讲究方法，就可以弥补自己的不足。在不断前进的人生中，凡是看见未来的人，也一定能掌握现在，因为明天的方向他已经规划好了，知道自己的人生将走向何方。心存希望，任何艰难都不会成为我们的阻碍。只要怀抱希望，生命自然会充满激情与活力。

不要害怕失败，不要害怕挫折，在失败和挫折面前，只有永不言弃者才能傲然面对一切，才能最终取得成功。留住心中“希望的种子”，即使失败了也不过是从头再来。

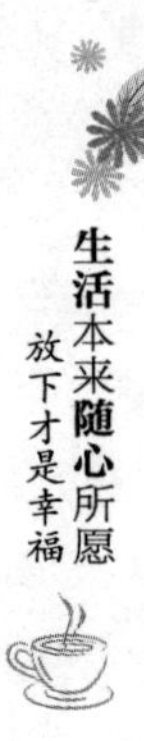

困境面前，再给自己一个机会

只有经历了风雨的彩虹才会绽放出完美的光彩，只有从困境中走出的人才是真正的强者。

中国有句古话："留得青山在，不怕没柴烧。"任何时候，只要人在就有希望，遇到任何处境都不至于绝望，流过血，流过泪，流过汗，全部擦干，一切可以重新开始。

一天夜里，一场雷电引发的山火烧毁了美丽的"万木庄园"，这座庄园的主人迈克陷入了一筹莫展的境地。面对如此大的打击，他痛苦万分，闭门不出，茶饭不思，夜不能寐。

转眼间，一个多月过去了，年已古稀的外祖母见他还陷在悲痛之中不能自拔，就对他说："孩子，庄园成了废墟并不可怕，可怕的是，你的眼睛失去了光泽，一天一天地老去。一双老去的眼睛，怎么能看得见希望呢？"

迈克在外祖母的劝说下，决定出去转转。他一个人走出庄园，漫无目的地闲逛。在一条街道的拐弯处，他看到一家店铺门前人头攒动，原来是一些家庭主妇正在排队购买木炭。那一块块躺在纸箱里的木炭让迈克的眼睛一亮，他看到了一线希望，急忙兴冲冲地向家中走去。

在接下来的两个星期里，迈克雇了几名烧炭工，将庄园里烧焦的树木加工成优质的木炭，然后送到集市上的木炭经销店里。很快，木炭就被抢购一空，他因此得到了一笔不菲的收入。他用这笔收入购买了一大批新树苗，一个新的庄园初具规模了。

几年以后，"万木庄园"再度绿意盎然。

一个人若缺乏勇气，很容易就会倒下。而一个充满勇气的人，则可以无往而不胜，可以无坚不摧。

人们常说“绝境逢生”，这个词能够出现就有它出现的道理，很多时候，有些事情看起来是没有回旋的余地了，但只要不放弃，很可能就会出现转机。

在创业的道路上，他10年前从国内一家知名的服装企业退出，接管了一个品牌，一干就是7年，但不幸陷入知识产权之困。

面对困局，他推倒重来又引进了全新的品牌，剑走偏锋与NBA结成战略合作伙伴，被称为行业中的异数。

面对压力，他力排众议，永不放弃，执着奋斗，终于峰回路转，迎来了事业上新的辉煌，书写了一个中国服装业中的传奇故事。

他，就是打造了中国男装西域骆驼品牌的柯夏鸣。

是什么让他能有这样的勇气和力量继续选择坚持在这条路上？有人评价他说，“成功需要智慧，更要执着。谁是执着者？柯总，西域骆驼也。”

成功之路从来不是顺畅平坦的，要战胜失败所带来的挫折感，就要善于挖掘、利用自身的“资源”。当今社会已大大增加了发展机遇，只要敢于尝试，勇于拼搏，就一定会有所作为。虽然有时个体不能改变“环境”的“安排”，但谁也无法剥夺其作为“自我主人”的权利。只有经历了风雨的彩虹才会绽放出美丽的光彩，只有从困境中走出的人才是真正的强者。

所以，不论是遇到什么事情，不论事情在现在看来是如何的糟糕，千万不要以为没有了办法，也不要因为一次失败就认为自己无能，每一个人几乎都是由不断失败，再不断爬起来才获得成功的。每当觉得开始绝望的时候，不妨多鼓励自己再试一次，再试一次很可能就让自己跨越苦难的沼泽地。

第七章 转个弯就是阳光普照

人生不必太执着
低一下头，弯一下腰
学会变通，走出人生困境
悬崖深谷处，撒手得重生
做一条反向游泳的鱼

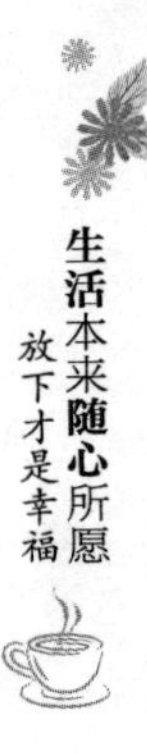

人生不必太执着

菩提本无树，明镜亦非台。本来无一物，何处惹尘埃？

古语云："夫物芸芸，各复归其根，归根曰静，是谓复命。"即万物纷杂生存，又各自返回它们的本原，返归本原称为"静"，叫复归本性。宇宙生命的来源，本来就是清虚的。"复命曰常，知常曰明"，"常"并不全等于永恒，一个人不知常，就要回过头从自己的生命中来找寻。既然一切皆为虚清，我们又何必把什么事情都抓得很牢，执着而不肯放手呢？

有两个不如意的年轻人，一起去拜望一位禅师："师父，我们在办公室被欺负，太痛苦了，求您开示，我们是不是该辞掉工作？"两个人一起问。禅师闭着眼睛，隔半天，吐出五个字："不过一碗饭。"就挥挥手，示意年轻人退下了。

回到公司，一个人递上辞呈，回家种田，另一个却没动。日子真快，转眼十年过去。回家种田的，以现代方法经营，加上品种改良，居然成了农业专家。另一个留在公司里的，也不差，他忍着气、努力学，渐渐受到器重，后来成为经理。

有一天两个人相遇了，"奇怪！师父给我们同样'不过一碗饭'这五个字，我一听就懂了，不过一碗饭嘛！日子有什么难过？何必硬巴着公司？所以辞职。"农业专家问另一个人："你当时为什么没听师父的话呢？""我听了啊！"那经理笑道："师父说'不过一碗饭'，多受气、多受累，我只要想'不过为了混碗饭吃'，老板说什么是什么，少赌气、少计较，就成了！师父不是这个意思吗？"两个人又去拜望禅师，禅师已经很老了，仍然闭着眼睛，隔半天，答了五个字："不过一念间。"

对于我们每一个人来说，没有一样东西是可以完完全全、真真正正抓住的，无论是物还是人，因此不必斤斤计较。有人曾问过南怀瑾先生这样一个问题：“怎样学布施才不过分贪心盈利集财？”南怀瑾先生精辟地回答：“地球都是你的，为什么不布施？”

对于生命本源，要把握得住，要认识得透彻，才能够善始善终。“不知常，妄作凶”，人生若醉生梦死，碌碌无为，终将痛苦离去。想要尽力去抓住一切，往往什么都抓不住。

敬贤禅师的弟子喜欢画画。在经过一段时间的苦练之后，他想画出一幅人人见了都喜欢的画。画完了，他拿到市场上去展出。画旁放了一支笔，并附上说明：“每一位观赏者，如果认为此画有欠佳之笔，均可在画中标上记号。”

晚上，小和尚取回了画，发现整个画面都涂满了记号——没有一笔一画不被指责。小和尚十分不快，对这次尝试深感失望。敬贤禅师让他换一种方法去试试。

小和尚又摹了一张同样的画，拿到市场展出。

可这一次，按照师父的建议，他要求每位观赏者将其最为欣赏的妙笔都标上记号。当小和尚再取回画时，他发现画面又被涂遍了记号。一切曾被指责的笔画，如今却都换上了赞美的标记。敬贤禅师问弟子：“通过这件事，我们可以悟出什么？”

“师父！”小和尚不无感慨地说，“我觉得我发现了一个奥妙，那就是：我们不管干什么，只要使一部分人满意就够了；因为，在有些人看来是丑恶的东西，在另一些人眼里则恰恰是美好的。”

我们无论怎么做都无法让所有的人满意，因此，不必过于执着他人的眼光和看法。人生路有多条。何必将自己逼进死胡同呢？

放下对外物的执着，才能让自己进退自如。常言道，天无绝人之路。上帝在关闭一扇门时，就会打开一扇窗。在人生走到歧路或困境时，千万不要灰心绝望，因为正有另一条大路向我们展开坦途。人生有无数条路，条条大路通罗马。一条路走不通，何不换一条路来走？

菩提本无树，明镜亦非台。本来无一物，何处惹尘埃？人生有时不必过于执着，如庄子所言，像婴儿一样，若有若无地自在把握，反而能够将幸福抓住。

低一下头，弯一下腰

弯曲，是一种人生智慧。在生命不堪重负之时，适时适度地低一下头，弯一下腰，抖落多余的负担，才能够走出屋檐而步入华堂，避开逼仄而迈向辽阔。

世界是不圆满的，不圆满就会有不如意。正如人生之旅，坎坷多多，难免直面矮檐，遭遇逼仄。在这种情况下，人要学会低头，学会弯腰，学会变通。

弯曲，是一种人生智慧。在生命不堪重负之时，适时适度地低一下头，弯一下腰，抖落多余的负担，才能够走出屋檐而步入华堂，避开逼仄而迈向辽阔。

孟买佛学院是印度最著名的佛学院之一，这所佛学院的特点是建院历史悠久，培养出了许多著名的学者。还有一个特点是其他佛学院所没有的，这是一个极其微小的细节。但是，所有进入过这里的人，当他们再出来的时候，无一例外地承认，正是这个细节使他们顿悟，正是这个细节让他们受益无穷。

这是一个被很多人忽视的细节：孟买佛学院在它正门的一侧，又开了一个小门，这个门非常小，一个成年人要想过去必须弯腰侧身，否则就会碰壁。

其实这就是孟买佛学院给它的学生上的第一堂课。所有新来的人，老师都会引导他到这个小门旁，让他进出一次。很显然，所有的人都是弯腰侧身进出的，尽管有失礼仪和风度，却达到了目的。老师说，大门虽然能够让一个人很体面很有风度地出入。但很多时候，人们要出入的地方，并不是都有方便的大门，或者，即使有大门也不是可以随便出入的。这时，只有学会了弯腰和侧身的人，只有暂时放下面子和虚荣的人，才能够出入。否则，你就只能被挡在院墙之外。

孟买佛学院的老师告诉他们的学生，佛家的哲学就在这个小门里。

其实，人生的哲学何尝不在这个小门里。人生之路，尤其是通向成功的路上，几乎是没有宽阔的大门的，绝大多数的门都需要弯腰侧身才可以进去。因此，在必要时，我们要能够学会弯曲，弯下自己的腰，才可得到生活的通行证。

人生之路不可能一帆风顺，必然会有风起浪涌的时候，如果迎面与之搏击，就可能会船毁人亡，此时何不退一步，先给自己一个海阔天空，然后再图伸展。

妙善禅师是世人非常景仰的一位高僧，被称为“金山活佛”。他1933年在缅甸圆寂，其行迹神异，又慈悲喜舍，所以，直至现在，社会上还流传着他难行能行、难忍能忍的奇事。

在妙善禅师的金山寺旁有一条小街，街上住着一个贫穷的老婆婆，与独生子相依为命。偏偏这儿子忤逆凶横，经常呵骂母亲。妙善禅师知道这件事后，常去安慰这老婆婆，和她说些因果轮回的道理，逆子非常讨厌禅师来家里，有一天起了恶念，悄悄拿着粪桶躲在门外，等妙善禅师走出来，便将粪桶向禅师兜头一盖，刹那间腥臭污秽粪尿淋满禅师全身，引来了一大群人看热闹。

妙善禅师却不气不怒，一直顶着粪桶跑到金山寺前的河边，才缓缓地把粪桶取下来，旁观的人看到他的狼狈相，更加哄然大笑，妙善禅师毫不在意地道：“这有什么好笑的？人身本来就是众秽所集的大粪桶，大粪桶上面加个小粪桶，有什么值得大惊小怪的呢？”

有人问他：“禅师！你不觉得难过吗？”

妙善禅师道：“我一点也不会难过，老婆婆的儿子以慈悲待我，给我醍醐灌顶，我正觉得自在哩！”

后来，老婆婆的儿子为禅师的宽容感动，改过自新，向禅师忏悔谢罪，禅师欢欢喜喜地开示他，受了禅师的感化，逆子从此痛改前非，以孝闻名乡里。

妙善禅师将身体看作大的粪桶，加个小的粪桶，也不稀奇。这种认识正是他高尚的人格和道德慈悲的表现，而正是这一刻他弯下了腰，忍住了屈辱，才感化了忤逆的年轻人。

人生有起有伏，不必过于执着，而应当能屈能伸。起，就直上云霄；伏，就如龙在渊；屈，就不露痕迹；伸，就清澈见底。这是多么奇妙、痛快、潇洒的情境啊！

学会变通，走出人生困境

对于困难这部老爷车来说，变通就是最好的润滑油。

变通是一种智慧，在善于变通的世界里，不存在困难这样的字眼。再顽固的荆棘，也会被聪明的人用变通的方法去除。他们相信，凡事必有方法去解决，而且能够解决得很完善。

一位姓刘的企业老总曾深有感触地讲述了自己的故事：

10多年前，他在一家电气公司当业务员。当时公司最大的问题是如何讨账。产品不错，销路也不错，但产品销出去后，总是无法及时收到款。

有一位客户，买了公司20万元产品，但总是以各种理由迟迟不肯付款，公司派了三批人去讨账，都没能拿到货款。当时他刚到公司上班不久，就和另外一位姓张的员工一起，被派去讨账。他们软磨硬泡，想尽了办法。最后，客户终于同意给钱，叫他们过两天来拿。

两天后他们赶去，对方给了一张20万元的现金支票。

他们高高兴兴地拿着支票到银行取钱，结果却被告知，账上只有199900元。很明显，对方又耍了个花招，他们给的是一张无法兑现的支票。第二天就要放春节假了，如果不及时拿到钱，不知又要拖延多久。

遇到这种情况，一般人可能一筹莫展了。但是他突然灵机一动，拿出100

元钱，让同去的小张存到客户公司的账户里去。这一来，账户里就有了20万元。他立即将支票兑了现。

当他带着这20万元回到公司时，董事长对他大加赞赏。之后，他在公司不断发展，5年之后当上了公司的副总经理，后来又当上了总经理。

显然，刘总为我们讲了一个精彩的故事，因为他的智慧，使一个看似难以解决的问题迎刃而解了，因为他的变通，才使他获得不凡的业绩，并得到公司的重用。可以说，变通就是一种智慧。

生活中，学会变通，懂得思考才会有“柳暗花明又一村”的惊喜。事实也一再证明，看似极其困难的事情，只要我们用心去寻找变通方法，必定会有所突破。

委内瑞拉人拉菲尔·杜德拉也正是凭借这种不断变通而发迹的。在不到20年的时间里，他就建立了投资额达10亿美元的事业。

在20世纪60年代中期，杜德拉在委内瑞拉的首都拥有一家很小的玻璃制造公司。可是，他并不满足于干这个行当，他学过石油工程，他认为石油是个赚大钱和更能施展自己才干的行业，他一心想跻身于石油界。

有一天，他从朋友那里得到一则信息，说是阿根廷打算从国际市场上采购价值2000万美元的丁烷气。得此信息，他充满了希望，认为跻身于石油界的良机已到，于是立即前往阿根廷活动，想争取到这笔合同。

去后，他才知道早已有英国石油公司和壳牌石油公司两个老牌大企业在频繁活动了。这是两家十分难以对付的竞争对手，更何况自己对经营石油业并不熟悉，资本又并不雄厚，要成交这笔生意难度很大。但他并没有就此罢休，他决定采取变通的迂回战术。

一天，他从一个朋友处了解到阿根廷的牛肉过剩，急于找门路出口外销。他灵机一动，感到幸运之神到来了，这等于给他提供了同英国石油公司及壳牌公司同等竞争的机会，对此他充满了必胜的信心。

他旋即去找阿根廷政府。当时他虽然还没有掌握丁烷气，但他确信自己能够弄到，他对阿根廷政府说：“如果你们向我买2000万美元的丁烷气，我便买

你2000万美元的牛肉。”当时，阿根廷政府想赶紧把牛肉推销出去，便把购买丁烷气的投标给了杜德拉，他终于战胜了两个强大的竞争对手。

投标争取到后，他立即筹办丁烷气。他随即飞往西班牙。当时西班牙有一家大船厂，由于缺少订货而濒临倒闭。西班牙政府对这家船厂的命运十分关切，想挽救这家船厂。

这一则消息，对杜德拉来说，又是一个可以把握的好机会。他便去找西班牙政府商谈，杜德拉说：“假如你们向我买2000万美元的牛肉，我便向你们的船厂定制一艘价值2000万美元的超级油轮。”西班牙政府官员对此求之不得，当即拍板成交，马上通过西班牙驻阿根廷使馆，与阿根廷政府联络，请阿根廷政府将杜德拉所订购的2000万美元的牛肉，直接运到西班牙来。

杜德拉把2000万美元的牛肉转销出去之后，继续寻找丁烷气。他到了美国费城，找到太阳石油公司，他对太阳石油公司说：“如果你们能出2000万美元租用我这条油轮，我就向你们购买2000万美元的丁烷气。”太阳石油公司接受了杜德拉的建议。从此，他便打进了石油业，实现了跻身于石油界的愿望。经过苦心经营，他终于成为委内瑞拉石油界的巨子。

杜德拉是具有大智慧、大胆魄的商业奇才。这样的人能够在困境中变通地寻找方法，创造机会，将难题转化为有利的条件，创造更多可以脱颖而出的机会。美国一位著名的商业人士在总结自己的成功经验时说，他的成功就在于他善于变通，他能根据不同的情况，采取不同的方法，最终克服困难。

对于困难这部老爷车来说，变通就是最好的润滑油。对于善于变通的人来说，世界上不存在困难，只存在暂时还没想到的方法。因此，当我们面临人生的困境时，不妨换种思维，换种角度来对待，学会变通，走出困境。

悬崖深谷处，撒手得重生

痛苦源自执着心，人生唯有少执着，多放下。

悬崖深谷得重生看似一种悖论，实际上却蕴含着深刻的道理。“悬崖撒手”是一种姿态，美丽而轻盈。放手之后，心灵将获得一片自由飞翔的广袤天空，在瞬间释放与舒展。

行走于人世间，沟沟坎坎不可避免，事情的发展不会总是按照我们的主观想象进行，大多数时候，万事如意只是一个美好的心愿罢了。一个人只有懂得把烦恼放下，才能够活得逍遥自在。

面对世间万物，只要我们不过分执着，换个想法，换个角度，调整一下态度，就能让自己有新的境遇、新的机会。只是不要过于执着，不要让自己过得那么辛苦，能够从容放下，那么自由畅快就在眼前。

从前有一位凡事放得下、非常豁达的老人，一心只想施舍、尽力为人付出，他认为自己若学会与人无争、与世无争，便能过着逍遥又自在的人生。

就在佛在世的时候，有一位波斯国王出城巡游。国王乘坐在高大的白象上，身边有一群随从围绕在身旁。途中，波斯国王从远处看到一位白发苍苍的老人走了过来；他生怕这位老迈的长者受到惊吓，立即吩咐身边的随从：“先停下来！停下来！”他想让老人能慢慢安全地走过来。

这位老迈的长者远远看到国王时，自己也稍微停了一下。他望见随从的队伍也停下时，才放心地继续向前走。当长者慢慢地走到这群人的面前时，国王对着他轻声呼唤说：“老人家！看您白发苍苍，您今年高寿？”

老人仰头看着满脸慈祥的国王，展露天真的笑容，缓慢地伸出四个手指头对国王说：“我今年才四岁。”

国王听后很怀疑地说：“你四岁？”

老人看着国王的眼睛坚定地说："对！我才四岁。因为，我在四年前所过的生活，是很糊涂、懵懂的人生，对于我来说那并不是真正的人生。后来我很幸运地得闻佛法，从此开悟，因为我受佛陀的教育才四年，现在也就是四岁！"

老人看着国王惊讶的表情继续说："如今，我凡事都放得下，不再像以前一样盲目坚持，现在的我一心只想要施舍，在我有生之年尽力去付出。在这个过程中，我体会到付出后让人快乐对于我自己来说是一件多么值得欢喜的事情，不与人计较是如此自在！由此，我总结了一下这几年的心得，那就是心无烦恼，才能身轻心安！"

国王听了老人的话后若有所思，然后突然有所悟并欢喜地说："老人家！你说得很对！人生确实要放得下、舍得付出，与人无争、与世无争，这才是最逍遥的人生。我真的很羡慕你！虽然你听闻佛法才四年，但这四年让你的人生已经变得很有价值了。"

通过老人的故事我们更加能体会到，人生若想过得逍遥自在，必须要有豁达宽广的心怀，学会看得开，放得下。把令我们沮丧的事放下，把心烦意乱的事情放下，把那些坏心情放下，不要过分执着，以一份淡定从容、自由轻松之心对待自己，对待生活。

痛苦源自执着心，人生唯有少执着，多放下。对名利不执着，对权位不执着，对人我是非能放下，对情爱欲念能放下，才能享受随缘随喜的解脱生活。

做一条反向游泳的鱼

做一条反向游泳的鱼，不走寻常路，才能看到别样风景；不走寻常路，是因为心系远方。

艺术家说：学我者生，似我者死。

文学家说：抄袭是埋葬一切才华的坟墓，创新是精品产生的源泉。

经济学家说：逃离竞争残酷的红海，奔向空间无限的蓝海。

做一条反向游泳的鱼，不走寻常路，才能看到别样风景；不走寻常路，是因为心系远方。

当你面对一个棘手的问题，沿着某一固定方向思考而不得其解时，灵活地调整一下思维的方向，从不同角度展开思路，甚至把事情整个反过来想一下，那么就有可能反中求胜，摘得成功的果实。

宋神宗熙宁年间，越州（今浙江绍兴）闹蝗灾。只见蝗虫乌云般飞来，遮天蔽日。所到之处，禾苗全无，树木无叶，一片肃杀景象。当然，这年的庄稼颗粒无收。

这时，素以多智、爱民著称的清官赵汴被任命为越州知州。赵汴一到任，首先面临的是救灾问题。越州不乏大户之家，他们有积年存粮。老百姓在青黄不接时，大都过着半饥半饱的日子，而一旦遭灾，便缺大半年的口粮。灾荒之年，粮食比金银还贵重，哪家不想存粮活命？一时间，越州米价大涨。

面对此种情景，僚属们都沉不住气了，纷纷来找赵汴，求他拿出办法来。借此机会，赵汴召集僚属们来商议救灾对策。

大家议论纷纷，但有一条是肯定的，就是依照惯例，由官府出告示，压制米价，以救百姓之命。僚属们七言八语，说附近某州某县已经出告示压米价了，我们倘若还不行动，米价天天上涨，老百姓将不堪其苦，会起事造反的。

赵汴静听大家发言，沉吟良久，才不紧不慢地说："今次救灾，我想反其道而行之，不出告示压米价，而出告示宣布米价可自由上涨。"众僚属一听，都目瞪口呆，先是怀疑知州大人在开玩笑，而后看知州大人认真的样子，又怀疑这位大人是否吃错了药，在胡言乱语。赵汴见大家不理解，笑了笑，胸有成竹地说："就这么办，起草文告吧！"

官令如山，赵汴说怎么办就怎么办。不过，大家心里都直犯嘀咕：这次救灾肯定会失败，越州将饿殍遍野，越州百姓要遭殃了！这时，附近州县都纷纷贴出告示，严禁私增米价。若有违犯者，一经查出严惩不贷。揭发检举私增米价者，官府予以奖励。而越州则贴出不限米价的告示，于是，四面八方的米商闻讯而至。开始几天，米价确实增了不少，但买米者看到卖米的太多，都观望

不买。过了几天，米价开始下跌，并且一天比一天跌得快。米商们想不卖再运回去，但一则运费太贵，增加成本，二则别处又限米价，于是只好忍痛降价出售。这样，越州的米价虽然比别的州县略高点，但百姓有钱可买到米。而别的州县米价虽然压下来了，但百姓排半天队，却很难买到米。所以，这次大灾，越州饿死的人最少，受到朝廷的嘉奖。

僚属们这才佩服赵汴的计谋，纷纷请教其中原因。赵汴说："市场之常性，物多则贱，物少则贵。我们这样一反常态，告示米商们可随意加价，米商们都蜂拥而来。吃米的还是那么多人，米价怎能涨上去呢？"

逆向思维，不迷信原有的传统观念和经典信条，对既定事物进行批判性的思考。这种思维在一般人看来是不合情理甚至是荒谬的，但正是因为采取这种思维，思考者才得以摆脱传统观念和习惯势力的束缚，向着新的成果跃进，创造出新的观念和理论来，导致新旧理论的更替和生活面貌的改变。

遇到问题，我们不妨多想一下，能否从反方向考虑一下解决的办法。反其道而行是人生的一种大智慧，当别人都在努力向前时，你不妨倒回去，做一条反向游泳的鱼，去寻找属于自己的前进方向。

第八章 宽容是最高贵的慈悲

不原谅别人是在惩罚自己

仇恨面前，修炼一颗宽容的心

用宽容的心态对待生活

打开心窗，主动接纳别人

尝试爱我们的敌人

多几分理解，多几分感激

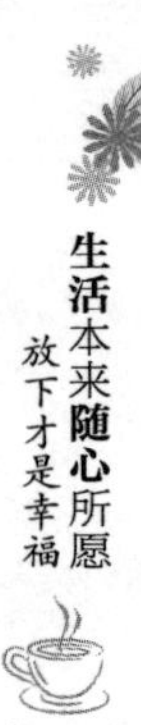

不原谅别人是在惩罚自己

不能宽容的人损坏了他自己必须过的桥。

我们常常在自己的脑子里预设一些规定，以为别人应该有什么样的行为，如果对方违反规定，就会引起我们的怨恨。其实，因为别人对我们的规定置之不理而感到怨恨，是一件十分可笑的事。有的人以为，只要自己不原谅对方，就可以让对方得到一些教训，也就是说："只要我不原谅你，你就没有好日子过。"

实际上，不原谅别人，表面上是那人受到了惩罚，其实真正倒霉的人却是自己。生一肚子窝囊气不说，甚至连觉都睡不好，这样看来，报复不仅让我们不能实现对别人的打击，对自己的内心反倒是一种摧残。

一位画家在集市上卖画，不远处，前呼后拥地走来一位大臣的孩子，这位大臣在年轻时曾经把画家的父亲欺诈得心碎而死。这孩子在画家的作品前流连忘返，并且选中了一幅，画家却匆匆地用一块布把它遮盖住，声称这幅画不卖。

从此以后，这孩子因为心病而变得憔悴。最后，他父亲出面了，表示愿意出高价购买那幅画。可是，画家宁愿把这幅画挂在自己画室的墙上，也不愿意出售。他阴沉着脸坐在画前，自言自语地说："这就是我的报复。"

每天早晨，画家都要画一幅他信奉的神像，这是他表示信仰的唯一方式。

可是现在，他觉得这些神像与他以前画的神像日渐相异。

这使他苦恼不已，他不停地找原因。有一天，他惊恐地丢下手中的画，跳了起来：他刚画好的神像的眼睛，竟然像那个大臣的眼睛，而嘴唇也酷似。

他把画撕碎，并且高喊："我的报复已经回报到我的头上来了！"

可见，报复会使人疯狂，使人的心灵不能得到片刻安宁。当我们无法忘记心中的怨恨，总是想着去报复时，最终受伤害的不仅仅是对方，还有我们自己。

心理学专家研究证实，心存怨恨有害健康，高血压、心脏病、胃溃疡等疾病大多是长期积怨和过度紧张造成的。

有一位好莱坞的女演员，失恋后，怨恨和报复心理使她的面孔变得僵硬而多皱。她去找最有名的美容师为她美容。这位美容师深知她的心理状态，中肯地告诉她："如果你不消除心中的怨和恨，我敢说全世界任何美容师都无法美化你的容貌。"

乔治·赫伯特说："不能宽容的人损坏了他自己必须过的桥。"这句话的智慧在于，宽容使给予者和接受者都受益。当真正的宽容产生时，没有疮疤留下，没有伤害，没有复仇的念头，只有愈合。宽容是一种力量，不仅能医治被宽容者的缺陷，还可以挖掘出宽容者身上的闪光之处，正如美国作家哈伯德所说："宽容的快乐，是连神明都会为之羡慕的极大乐事。"由此可见，原谅不但是宽恕别人，更是宽容自己。唯有学会宽容，忘记怨恨，才能抚慰我们暴躁的心绪，弥补不幸对我们的伤害，让我们不再纠缠于心灵毒蛇的咬噬，从而获得心灵的自由。

学会宽容，要做到两点。首先，我们要看到，自己原来也有很多的缺点，自己原来也有做错事的时候，自己本身并不是一个完美的人；而我们原来认为不好的人，也有一些我们没有的优点。所以，要学会看到自己的缺点，也看到别人的优点，考虑问题时要试着从对方的角度出发，以求大同、存小异，这样我们才能够善待他人，也善待自己。其次，我们得承认，自己也需要别人的宽容。

宽容别人的同时，自己也就把怨恨或嫉恨从心中排除掉了，才会怀着平和与喜悦的心情看待任何人和任何事，会带着愉快的心情生活。所以，在生活的磨难中逐步学会宽容，能原谅他人的人，心里的苦和恨比较少；或者说，心胸比较开阔的人，就容易宽容他人。

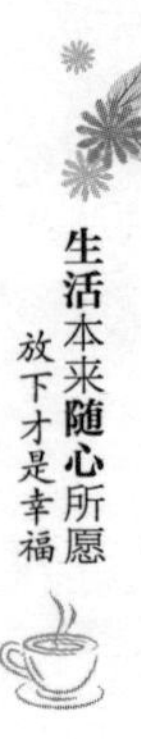

仇恨面前，修炼一颗宽容的心

诚实、见义勇为都是一个人应有的品德，称不上是高尚。有机会报仇却放弃，并且帮助自己的仇人脱离危险的宽容之心才是最高尚的。

每个人都有弱点与缺陷，都可能犯下这样那样的错误。我们要竭力避免伤害他人，要以博大胸怀宽容对方。

从前有一个富翁，他有三个儿子，在他年事已高的时候，富翁决定把自己的财产全部留给三个儿子中的一个。可是，到底要把财产留给哪一个儿子呢？富翁于是想出了一个办法。他要三个儿子都花一年时间去游历世界，回来之后看谁做到了最高尚的事情，谁就是财产的继承者。一年时间很快就过去了，三个儿子陆续回到家中，富翁要三个人都讲一讲自己的经历。

大儿子得意地说："我在游历世界的时候，遇到了一个陌生人。他十分信任我，把一袋金币交给我保管，可是那个人却意外去世了，我就把那袋金币原封不动地又还给了他的家人。"二儿子自信地说："当我旅行到一个贫穷落后的村落时，看到一个可怜的小乞丐不幸掉到湖里了，我立即跳下马，从河里把他救了起来，并留给他一笔钱。"

三儿子犹豫地说："我，我没有遇到两个哥哥碰到的那种事，在我旅行的时候遇到了一个人，他很想得到我的钱袋，一路上千方百计地害我。我差点死在他手上。可是有一天我经过悬崖边，看到那个人正在悬崖边的一棵树下睡觉，当时我只要抬一抬脚就可以轻松地把他踢到悬崖下，我想了想，觉得不能这么做，正打算走，又担心他一翻身掉下悬崖，就叫醒了他，然后继续赶路。这实在算不了什么有意义的经历。"

富翁听完三个儿子的话，点了点头说道："诚实、见义勇为都是一个人应有的品德，称不上是高尚。有机会报仇却放弃，并且帮助自己的仇人脱离危险的宽容之心才是最高尚的。我的全部财产都是老三的了。”

富翁把宽容之心列为最高尚，十分在理。

一方面，我们在憎恨别人时，心里总是愤愤不平，希望别人遭到不幸、惩罚，却又往往不能如愿，一种失望、莫名烦躁之后，我们失去了往日那轻松、欢快的心情，从而心理失衡；另一方面，由于憎恨别人而疏远别人，只看到别人的短处，言语上贬低别人，行动上敌视别人，结果使人际关系越来越僵，以致树敌为仇。我们“恨死了”别人，这种嫉恨的心理对我们的不良情绪起了不可低估的作用。而且，今天记恨这个，明天记恨那个，结果朋友越来越少，对立面越来越多，严重影响人际关系和社会交往，成为“孤家寡人”。

在遭到别人伤害，心里憎恨别人时，不妨做一次换位思考，假如我们自己处于这种情况，会如何应付？当我们被熟悉的人伤害了，想想他往日在学习或生活中对我们的帮助和关怀，以及他对我们的一切好处，这样，心中的火气、怨气就会大减，就能以包容的态度谅解别人的过错或消除相互之间的误会，化解矛盾，和好如初。这样，包容的是别人，受益的却是自己。

在仇恨面前，我们应当修炼一颗宽容的心，包容他人，化解仇恨。

用宽容的心态对待生活

若容不下生活，生活也会容不下自己。

作家能够创作出优秀的作品，往往是来自于其丰富的人生阅历，以及对生活的深刻感悟。畅销书作家托尼·希勒获得过美国侦探小说家大师奖。他的作品之所以深受读者的欢迎，与他个人的成长经历是密不可分的。他第一次打工就给他上了生动的人生第一课。

托尼·希勒在14岁时，英格拉姆先生敲响了他们农舍的门。这个老佃农住

在马路那头大约一英里的地方，想找人帮助收割一块苜蓿地。托尼欣然应允，于是他得到第一份有报酬的工作，1小时12美分，要知道这在1939年已经很不错了，当时还属于经济大萧条时期。

一天，英格拉姆先生发现一辆装有西瓜的卡车陷在自家的瓜地中。而原本整齐的瓜地里此刻却一片狼藉，瓜秧被毁坏，西瓜都被摘掉了。显然，有人想用卡车偷走这些西瓜，却没有料到卡车陷进去拉不出来。这时，环顾四周不见一个人影。看到这种情景，英格拉姆先生并没有勃然大怒，反而非常平静，只是说车主很快就会回来的，让托尼在那儿看着，长点见识。此时，托尼也在思索，英格拉姆先生到底会用什么方式来对待这几个前来偷盗的人呢？果然没过多久，正如他所料，一个在当地因打架和偷窃而臭名昭著的家伙带着两个体格粗壮的儿子出现了。他们看起来非常恼怒。

英格拉姆先生见到这几个来势汹汹的人没有质问他们，而是用平静的口吻问道："哎，我想你们要买些西瓜吧？"

那个男人显然没有料到，他们处心积虑要偷窃的主人会用这种方式来应对。他沉默了很久才回答："嗯，我想是的。你要多少钱一个？"

"25美分1个。"

"好吧，你帮我把车弄出来吧，我看这价格还合适。"

于是，英格拉姆先生以宽容的心态，巧妙的处事艺术，化干戈为玉帛。在双方本来是剑拔弩张的境况下，他居然用几句话就使双方达成了一致，顺利完成了一笔交易，这笔交易成了他们夏天里最大的一笔买卖，而且还避免了一场危险的暴力事件。等这三个人走后，英格拉姆先生笑着对他说："孩子，如果不宽恕敌人，就会失去朋友。"这句话使托尼回味良久，透过这句话他明白了英格拉姆先生处事的哲理。

这件事给托尼留下了非常深刻的印象，使他明白了要学会宽容。试想，如果当初英格拉姆先生针锋相对地揭穿对方的偷窃真相，这个偷窃事件肯定会演变成暴力事件，双方都会受到伤害。并且，这次前来偷窃的父子可能今后还会变本加厉地继续此类不良的行为。几年以后，英格拉姆先生去世了，但托尼永远忘不了他，也忘不了第一次打工时他教给自己的东西。

生活中经常会遇到自己利益受损的事情。比如，自己辛苦种下的花草被来往的路人随意践踏，好不容易洗干净晾晒的衣服被别人弄上了脏物，等等。一旦遭遇此类的事情，我们要学会宽容别人，得饶人处且饶人，得理也要让三分。待人宽厚是一种美德。要明白，原谅伤害过自己的人并不等于窝囊，并非一味地纵容对方的恶意举动，而是尽力保全对方的自尊心。懂得这些，也就没有什么气可生了。

一个人如果损失了金钱，还可以再赚回来；一旦自尊心受到伤害，就不是那么容易弥补的。“得理且让人”就是要照顾他人的自尊，避免因伤害别人的自尊而为自己树敌。

要以宽容的心态对待生活。反之，若容不下生活，生活也容不下自己。

打开心窗，主动接纳别人

宽容的心能轻易将恨意化解，让紧张的气氛化作脉脉温情。

人要想更好的活在当下，放眼未来，就必须从过去的阴影中走出来，忘记曾经的伤疤，毕竟现在伤口已经抚平，就不要过多地计较和怨恨了。否则只会让自己更加偏执，更加劳心。

1944年冬天，苏军已经把德军赶出了国门，成百万的德国兵被俘虏。一天，一队德国战俘面容憔悴地从莫斯科大街上穿过，当德国兵从街道走过时，所有的马路都挤满了人。苏军士兵和警察警戒在战俘和围观者之间，围观者大部分是妇女，她们当中的每一个人，都是战争的受害者，其家人中或者是父亲，或者是丈夫，或者是兄弟，或者是儿子，都让德国兵杀死了。

她们每一个人，都和德国人有着血债。妇女们怀着满腔仇恨，当俘虏出现时，她们把一双双勤劳的手攥成了拳头。士兵和警察们竭尽全力阻挡着她们，生怕她们控制不住自己的冲动。这时，最令人意想不到的事情发生了：一位上

了年纪的犹太妇女，穿着一件战争年代的破旧的长袍，她走到一个警察身边，希望警察能让她走近俘虏。警察同意了这个老妇人的请求。

她到了俘虏身边，从怀里掏出一个用印花布方巾包裹的东西，里面是一块黑面包，她不好意思地把它塞到了一个疲惫不堪的、几乎站不住的俘虏的衣袋里。看着身后那些充满仇恨的同胞们，她开口说话了："当这些人手持武器出现在战场上时，他们是敌人。可当他们解除了武装出现在街道上时，他们是跟所有别的人，跟'我们'和'自己'一样的人。"

于是，整个气氛改变了。妇女们从四面八方一齐拥向俘虏，把面包、香烟等各种东西塞给这些战俘。

故事中的犹太老妇人的行为是那样具有震慑力，哪怕她面前的这些人以前犯下过多么残酷的罪行，她没有选择去记恨，因为她知道恨也无法挽回历史，于是她选择了去原谅。宽容的力量让爱溢满整条莫斯科大街，当那些带着罪恶嘴脸的德国军人看到这一幕的时候，他们的心应该也被深深地震撼了。

剑桥教授安妮·森德伯克说过："以七乘七十倍的宽容，来赦免你的敌人，这样可以减少你患高血压、心脏病、胃病的机会。"仇恨只会激化矛盾，酿成大祸。宽容的心却能轻易将恨意化解，让紧张的气氛化作脉脉温情。

很早以前，有一个著名的雕刻师傅，他雕刻的东西栩栩如生，几乎可以达到以假乱真的地步。因为他的雕刻技巧不错，所以附近一个村庄的寺庙就邀请他去雕刻一尊"菩萨的像"。可是，要到达那村庄，必须越过山头与森林。偏偏这座山传说"闹鬼"，有些想越过山的人，若夜晚仍滞留在山区，就会被一个极为恐怖的女鬼杀死。因此，许多亲人、朋友就力劝雕刻师傅，等隔日天亮时再启程，免得遇到不测。但是师傅担心天亮启程会耽误行程，就谢绝了众人的好意，收拾好行李和工具，当天晚上就出发了。他走啊走，天色逐渐暗下来，月亮、星星也都出来了。

这师傅突然发现，前面有一个女子坐在路旁，草鞋也磨破了，似乎十分疲倦、狼狈。师傅于是问这女子，是否需要帮忙？当师傅得知该女子也是要翻越山头到邻村去，就自告奋勇要背她一程。月夜中，师傅背着她，走得汗流浃背，就停下休息。

此时，女子问师傅："难道你不怕传说中的女鬼吗？为什么不自己快点赶路，还要为了我而耽搁时辰？""我是想赶路呀！"师傅回答，"可是如果我把你一个人留在山区，万一你碰到危险怎么办？我背你走，虽然累，但至少有个照应，可以互相帮忙啊！"在明亮的月色中，这师傅看到身旁有块大木头，就拿出随身携带的凿刀工具，看着这女子，一斧一刀地雕刻出一尊"人像"来。"师傅啊，你在雕什么啊？""我在雕刻菩萨的像啊！"师傅心情愉悦地说，"我觉得你的容貌很慈祥，很像菩萨，所以就按照你的容貌来雕刻一尊菩萨！"

坐在一旁的女子听到这话，哭得泪如雨下，因为她就是传说中的"恐怖女鬼"。多年前，她只身带着女儿翻越山头时，遇上一群强盗，她无力抵抗而被奸污，女儿也被杀害。悲痛的她，纵身跳下山谷，化为"厉鬼"，专在夜间取过路人性命。可是，这个"满心仇恨"的女子万万没想到，竟会有人说她"容貌很慈祥，很像菩萨"！刹那间，这女子突然化为一道光芒，消失在月夜山谷里。第二天，师傅到达邻村后，大家都很惊讶他竟能在半夜活着越过山头。而从那天后，再也没有夜行旅人遇到传说中的"女厉鬼"了。

很多人都有着很强的自我防卫心理。其实，我们在提防别人的同时也是在为自己设防，如果我们能够打开心窗，忘掉仇恨，主动地接纳别人，就能重新找回轻松快乐的生活。

生活中，我们对很多事情总是难以释怀的原因就是自己总愿意去提起，总不愿意去不放手。好好想想自己的苦闷，好好想想自己的烦恼，多数是不是庸人自扰，是不是放不下，不能宽恕和原谅促成的呢？人啊，为什么总活得那么累呢？既然伤疤都已经好了，伤痕都已经抚平了，那就不要再去计较伤害的源头了，那毕竟都已成烟云。宽恕一个人总比记恨一个人容易，不要总是一副愁眉不展的样子，赶紧为自己愈合伤痕而庆幸吧！

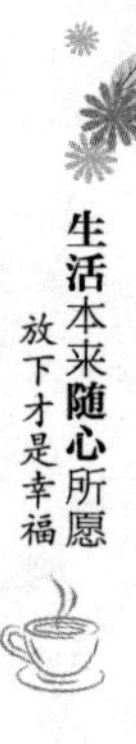

尝试爱我们的敌人

怀着爱心吃菜，也要比怀着怨恨吃牛肉好得多。

一位哲人说过一番耐人寻味的话："天空收容每一片云彩，不论其美丑，故天空广阔无比；高山收容每一块岩石，不论其大小，故高山雄伟壮观；大海收容每一朵浪花，不论其清浊，故大海浩瀚无比。大海因为宽容，有了浩瀚的海面；大地因为宽容，有了世间的万物；秃山因为宽容，有了茂密的森林；天空因为宽容，有了繁多的星星；宇宙因为宽容，有了众多的星系；人因为宽容，有了许多的朋友，我宽容了，朋友自然就多了。"

现代生活中，面对他人的失败、挫折，不要试图去嘲笑他，哪怕他曾经伤害过你。如果他需要你的帮助，你应该大度地伸出援手，比起报复，宽容会是更好的选择。

一位名叫卡尔的卖砖商人，由于另一位对手的竞争而陷入困难之中。对方在他的经销区域内定期走访建筑师与承包商，告诉他们：卡尔的公司不可靠，他的砖块不好，生意也即将面临歇业。

卡尔对别人解释说他并不认为对手会严重伤害到他的生意。但是这件麻烦事使他心中生出无名之火，真想"用一块砖来敲碎那人肥胖的脑袋作为发泄"。

"有一个星期天早晨，"卡尔说，"牧师讲道时的主题是：要施恩给那些故意为难你的人。我把每一个字都吸收下来。就在上个星期五，我的竞争者使我失去了一份25万块砖的订单。但是，牧师却教我们要以德报怨，化敌为友，而且他举了很多例子来证明他的理论。当天下午，我在安排下周日程表时，发现住在弗吉尼亚州的一位我的顾客，正因为盖一间办公大楼需要一批砖，而所指定的砖型号却不是我们公司制造供应的，却与我竞争对手出售的产品很类似。同时，我也确定那位满嘴胡言的竞争者完全不知道有这笔生意机会。"

这使卡尔感到为难，需要遵从牧师的忠告，告诉给对手这项生意的机会，还是按自己的意思去做，让对方永远也得不到这笔生意？那么到底该怎样做呢？

卡尔的内心挣扎了一段时间，牧师的忠告一直在他心中。最后，也许是因为很想证实牧师是错的，他拿起电话拨到竞争对手家里。接电话的人正是那个对手本人，当时他拿着电话，难堪得一句话也说不出来。卡尔还是礼貌地直接地告诉他有关弗吉尼亚州的那笔生意。结果，那个对手很感激卡尔。

卡尔说："我得到了惊人的结果，他不但停止散布有关我的谎言，而且还把他无法处理的一些生意转给我做。"

卡尔的心里感到好多了，他与对手之间的阴霾也获得了澄清。

宽容他人，信任他人，即是对人性的肯定。要做到胸襟开阔，首先要认识到"人无完人"，做到得理让人，宽容别人。

世界上如果没有宽容和信任，一切亲情、友情、爱情都将失去存在的基础，每个角落都是尔虞我诈的欺骗，社会将毫无温情可言。只因偶尔的过错而完全否定自己的朋友，以至于不再信任他，这不仅是对朋友的背叛，也是对自己的背叛。对朋友的偶尔犯下的过错，只要他承担了自己应负的责任，作为朋友理当予以原谅。

小赵大学毕业初入社会，在一家公司外贸部就职。他的顶头上司每天下班后总是跟着外方科长拼命"加班"，无事瞎忙，把白天理好的文件弄得一团糟，出了错，又把责任推给小赵。小赵的稚嫩决定他不是一个会"争"的人，只好忍气吞声地等日本科长长出"火眼金睛"，看出此中曲直来，结果等了几个月，还是等不来一句公道话。

一气之下，小赵辞职去了另一家公司，在那里，他的出色工作博得了许多同事的称赞，但无论怎样也没法使苛刻、暴躁的经理满意。心灰意冷间，他又萌动了跳槽之念，于是向总经理递交了辞呈。总经理先生没有竭力挽留小赵，只是告诉他自己处世多年得出的一个经验：如果你讨厌一个人，你就要试着去爱他。总经理说，他就像鸡蛋里挑骨头一样在一位上司身上找优

点，结果，他发现了老板的两大优点，而老板也逐渐喜欢上了他。

小赵依旧讨厌他的经理，但已悄悄收回了辞呈。

有人说："怀着爱心吃菜，也要比怀着怨恨吃牛肉好得多。"这句话非常有道理。如果我们的仇人知道对他的怨恨使我们精疲力竭，使我们紧张不安，使我们的外表和内心都受到伤害，甚至使我们折寿的时候，他们不是会拍手称庆吗？

即便我们没办法爱我们的敌人，起码也应该更多爱惜自己。我们应该让敌人不要影响我们的心情、左右我们的健康以及外表。有句名言说："无论被虐待也好，被抢掠也好，只要忘掉就行了。"

当然，人非圣贤，要去爱我们的敌人也许真的有点强人所难；但出于自身的健康与幸福，学习宽恕敌人，也可以算是一种明智之举。宽容有时给自己带来痛苦，但那痛苦是短暂的；刻薄有时给自己带来快乐，但那快乐也不会长久。

多几分理解，多几分感激

学会宽容，朋友之间便会多几分理解，几分感激；学会宽容，人世间便会多几分温暖，几分关爱。

古人曰："大度集群朋。"一个人若能有宽宏的度量，他的身边便会聚集大群知心朋友。所以，小事，不要太过计较，要原谅别人的过失；不如意的事来临时，要泰然处之，不为所累；受人讥讽时，不要睚眦必报，要学会吃亏，把便宜让给别人。相信只要多看别人的优点，少盯着别人的缺点，每一个人都会是可爱的。

俄国大文豪托尔斯泰虽然很有名，又出身贵族，但他喜欢和平民百姓在一起，与他们交朋友，从不摆大作家的架子。一次，他长途旅行时，路过一个小火车站。他想到车站里走走，便来到月台上。这时，一列火车正要开动，汽笛已经拉响了。托尔斯泰正在月台上慢慢走着，忽然，一位先生从列车车窗里冲他直喊："老头儿！老头儿！快替我到候车室把我的皮包取来，我忘记提过来了。"原来，这位先生见托尔斯泰衣着简朴，还沾了不少尘土，便把他当做车站的搬运工了。托尔斯泰赶忙跑进候车室拿来皮包，递给了这位先生。"谢谢啦！"那位先生对着托尔斯泰说，并随手递给他一枚硬币，"这是赏给你的。"

托尔斯泰接过硬币，瞧了瞧，装进了口袋。就在这位先生赏给托尔斯泰硬币的时候，旁边的一位旅客认出了这个风尘仆仆的"搬运工"，就大声对这位先生叫道："先生，您知道您赏钱给谁了吗？他就是托尔斯泰呀！"

"啊！老天爷呀！"他惊呼起来，"我这是在干什么事呀！"他对托尔斯泰急切地解释说："托尔斯泰先生！托尔斯泰先生！看在上帝的面上，请别计较！请把硬币还给我吧，我怎么能给您小费，多不好意思！我这是干出什么事来啦！"

"先生，您干吗这么激动？"托尔斯泰满面笑容地说，"您又没做什么坏事！这个硬币是我挣来的，我得收下。"汽笛再次长鸣，列车缓缓开动，带走了那位惶惑不安的先生，留下了快乐的托尔斯泰。

在与别人交往的时候，能够做到遭人误解不但不恼、而且不伤害对方面子的人，具有宽容的品德。这样的人最值得赞赏，同时也生活得最快活。

宽容别人就是善待自己，你希望别人善待自己，就要善待别人，要将心比心，多给别人一些关怀、尊重和理解。人总是喜欢和宽容厚道的人交朋友的，正所谓"宽则得众"。在交往中，我们对他人的要求不能太过分，不能强求于人，能让人时且让人，能容人处且容人。一旦别人犯了错误，我们也不要嫌弃，原谅别人的过失。"海纳百川，有容乃大"，一个拥有这种胸怀的人又怎么会不成功呢？

宽容是一种大度，能容下人世间酸甜苦辣，能化解所有恩怨是非。在"山重水复疑无路"时，学会宽容，便会"柳暗花明又一村"。试想一下，当你的同桌不小心把你借给他的漫画书弄丢时，你是抱怨责备他，还是原谅他的过失呢？选择前者，你可能会失去一个好朋友，而选择后者，你一定会收获到他的尊重与敬佩，你将会得到一份更诚挚的友谊。这就是宽容的力量。学会宽容，朋友之间便会多几分理解，几分感激；学会宽容，人世间便会多几分温暖，几分关爱。

天下没有两片相同的树叶，也没有两个完全相同的人。俗话说，“尺有所短，寸有所长”，人的性格、特长各有差异，在处理人际关系中不能强求一致。人与人要和谐相处，就要有宽广的胸怀，求同存异、相互谅解。既然我们自身都不完美，那又怎能苛求他人完美无缺呢？

第九章 最浪漫的回忆叫放手

有一种爱，叫作放手

幸福与否，由你来决定

挥手告别不适合自己的人

不要让爱牵绊了幸福

珍爱自己，放弃错爱

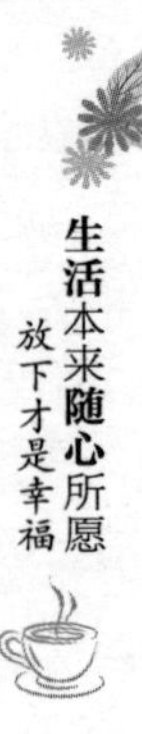

有一种爱，叫作放手

爱，需要豁达，实在抓不住爱，就轻轻放手吧。

有人说初恋是轻音乐，热恋是狂想曲，那么失恋呢？失恋可能是令人难忘也难眠的小夜曲。尽管谁都不愿意失恋，但从总体上说，失恋是难以避免的，也是我们无法刻意掌控的。失恋是痛苦的，但在这种痛苦面前，有的人能做出理智的选择，有的人则陷入了情感冲动的泥潭，严重地影响了自己的正常生活。

琳达和男朋友分手了，处在情绪低落中，从他告诉她应该停止见面的那一刻起，琳达就觉得自己整个人都被毁了。她吃不下睡不着，工作时注意力无法集中，人一下消瘦了许多，有些人甚至认不出琳达来。

她来到当初她与以前的男友约会的公园里，伤心地哭了起来，她哭得很悲戚。她不明白为什么男孩不再爱她了。渐渐地，她由伤心变成了不甘心，又由不甘心变成了怨恨，她不甘心自己的爱为什么不能换来同样的回报，她怨恨他太狠心，太无情。她越哭越悲伤，难以遏止，陷于强烈的失落、自卑和悔怨中不能自拔。

一个长者知道她为什么而哭之后，并没有安慰，而是笑道："你不过是损失了一个不爱你的人，而他损失的是一个爱他的人。他的损失比你大，你恨他做什么？不甘心的人应该是他呀。再说，他已经不爱你了，你还要伤心、怨恨，来让这份失败的感情阻碍你今后的生活吗？"姑娘听了这话，忽然一愣，转而恍然大悟。她慢慢擦干泪，决定重新振作，投入新的生活。

是啊，当爱情离我们远去的时候，我们要尽力挽留；当我们无法挽留的时候，最好的处理方式，就是忘掉，忘掉以前的愉快和不愉快。当我们学会了忘记，才会真正地解脱，才会学会宽容。有人说，经历了真正的爱之后，人才会成熟。

勉强的爱情不会幸福，为对方的离去而制造悲剧也不一定缘于真爱。爱，需要豁达，实在抓不住爱，就轻轻放手吧。生活是多姿多彩的，爱情只不过是人生旅途上的一个里程碑。当我们经历失恋的痛苦时，应该想一想，身边还有更多美好的东西。

恩格斯在21岁那年，曾失恋过一次。他在自己的日记中写道："还有什么比痛苦的失恋更高尚和更崇高的痛苦——爱情的痛苦更有权利向美丽的大自然倾诉！"他果然去向大自然倾诉了，他越过了阿尔卑斯山，又到了意大利，很快在大自然的怀抱中医治了心灵的创伤，达到了心理的平衡。普希金在失恋后也远走高加索，参加对土耳其作战的行列，在硝烟弥漫中冲洗掉失恋的惆怅，试想，一个经过生命与死亡痛苦挣扎的人，还会怕其他痛苦吗？有什么痛苦能比死亡更可怕？相比之下，失恋的痛苦只不过是像被蚂蚁叮过一样，只是有点微痛而已。

文学巨匠歌德才华出众，他一生经历了十几次恋爱，每次他都全心地投入，把自己全部的热情奉献给对方，但一次又一次未取回感情的"投资"。当他意识到爱情已面临破灭的边缘，有可能给对方带来灾难时，他立即从对方身边离开，不给对方带来痛苦，也及时地挽救了自己

23岁那年，他又深深地爱上了一个叫夏绿蒂的少女，哪知她已经有了未婚夫，歌德又一次遭受沉重的打击，只好默默地离去。这已经是他的第5次失恋了。为此他痛苦至极，把一把匕首放在枕头底下，几次想到自杀，但后来终究还是下不了手，他把全部的精力投身到文学创作中去，及时地以工作热情补偿了感情上的失落，以事业的成功补偿了失恋的痛苦，也及时地挽救了自己。

失恋并不意味着永远失去幸福。除了爱情，还有亲情、友情，甚至是来自工作、学习的快乐也可以补偿因失恋造成的心理失衡。

"失去了她，我才遇见你"，这是很多过来人说出的肺腑之言。多一分坚强，失恋的人照样可以光鲜亮丽地生活。

当爱离我们远去时，我们不妨豁达些，放爱一条生路，让爱情之花仍能留有余香。

幸福与否，由你来决定

幸福其实就是个人内心的一种感受，无所谓是非对错的标准。

人们常说，自你一降生，就有一份天定的缘为你而生。然而大千世界，人海茫茫，生命苦短，如何才能找到属于你的那个完美的伴侣呢？现代的人们，总不能屏息静候这份天缘，他（她）们常常很勉强地接受了对方，却又一遍遍地把他（她）和自己心目中那个完美的设想进行对比，对比一次，失望一次。

如果有这样一个人，他在你的心目中是绝对完美的，没有一丝缺陷，你敬畏他却又渴望亲近他，那么，这种感觉不可以叫做“爱情”，而是“崇拜”。崇拜需要创造一个偶像，就像图腾之类没有血肉的东西；而爱情不需要，爱情是真真切切地能够用手触摸、用心体会的。爱情是你明知他穿得十分“土气”，却甘愿带他出入于大庭广众；是你鄙视的杀猪匠，你却偏偏愿意做杀猪匠的妻子；是你素有洁癖，你却十分勤快地为他洗着油腻腻的饭盒、脏兮兮的球鞋……

一位秀慧双修的女孩大学毕业后，拒绝了很多优秀男孩的追求，选择了一个毫不起眼且个子矮小的同事。周围的许多人都觉得不可思议，就连她的闺中好友也表示不理解。而她自己却很坦然，在众人疑惑的目光中，她披上婚纱与先生坦然地走进了“围城”。

多年以后，当她的同学们都疲倦于营造自己的一隅、失望于当初幻想的破灭之时，众人才在同学聚会上发现：这位女孩并没有如他们原先所想的那样，被困在一个庸碌无为的圈子里，憔悴不堪，而是依然光彩照人，甚至比以前还多了一份成熟和稳重。

这位女孩告诉大家，她的男人不是最优秀的，有着许多的缺点，但这些在她还没有接受他的时候就已知道；而她愿意，今生今世，将自己的感情托付给这个在她遇到挫折的时候默默地帮助她、在她失意的时候热情地鼓励她，并且从不索取任何回报的男人。

由此可想，如果有一份执着而持久的感情和一份金玉其外却瞬间即逝的“感情”，你宁愿选择哪一种？世界上有许多出色的男孩和美丽的女孩，然而真正适合你的则寥寥无几，千万莫因为别人的眼光而改变了自己的挚爱，莫要活在别人的眼光里而失去了自己！感情不能贪心，也不是梦想。“如果有谁认为有十全十美的爱情，他不是诗人，就是白痴。”这句话很有道理。我们用心来守候着属于自己的爱情，虽不惊天动地，但幸福无比。

爱情终有一天会蜕变成亲情，浪漫也只能是一时的风花雪月，再美丽的爱情到最后也要踏踏实实过日子。有时候想想：人生这几十年，真是转瞬即逝，年华逝去，如梦无痕。一直渴望能和自己心爱的人，在余晖下，相依携手看天边的浮云，看飘零的枫叶，这就是幸福。

海岩说过，幸福其实就是个人内心的一种感受，无所谓是非对错的标准。只要你觉得自己是幸福的，那你就是幸福的。

挥手告别不适合自己的人

和不适合的人分开，才会给自己机会去遇见合适的人。

在巴黎市中心的两条大街的交叉口，有一座名为《巴尔扎克纪念碑》的塑像。这座塑像上的巴尔扎克昂着头，披散着发，似乎在用嘲笑和蔑视的目光注视着眼前光怪陆离的花花世界。然而巴尔扎克像却没有双手，这是怎么回事呢？

这座塑像是近代欧洲雕塑大师罗丹的作品。为了创作出这件作品，理解和体会这位《人间喜剧》作者的思想感情，表达出巴尔扎克的内在神韵，罗丹仔细阅读了巴尔扎克的全部重要作品，认真钻研了有关巴尔扎克的评论文章和传记作品。不仅如此，他还对塑像的创作持极端认真的态度。当时塑像的委托者限定18个月完成，并给了他一万法郎定金。罗丹为了避免时间仓促而做得粗制滥造，退回了一万法郎，并要求多给他一些时间。

在塑像的创作过程中，罗丹还经常征求别人的意见。

一天深夜，罗丹在他的工作室里刚刚完成巴尔扎克的雕像，独自在那里欣赏。他面前的巴尔扎克身穿一件长袍，双手在胸前叠合，表现出一种一往无前的气势。兴奋的罗丹迫不及待地叫醒一名学生，让他来评价自己的作品。

这位学生怀着惊喜的心情欣赏着老师的杰作，目光渐渐地集中在雕像的那双手上。“妙极了，老师！”这位学生叫道，“我从来没有见过这样一双奇妙的手啊！”听到这样的赞美，罗丹脸上的笑容消失了。他匆匆跑出工作室，又拖来另一个学生。“只有上帝才能创造出这样一双手，它们简直和活的一样。”学生用虔诚的口吻说道。罗丹的表情更加不自然了，他又叫来第三个学生。这个学生面对雕像，用同样尊敬的口气说：“老师，单凭您塑造的这双手，就可以使您名垂千古了。”

此时的罗丹已经变得异常激动，他不安地在屋内走来走去，反复端详这尊雕像。突然，他抡起锤子，果断地砍掉了那双“举世无双的完美的手”。学生们惊讶于老师的举动，一时不知说什么才好。

罗丹用平静的口气对他们说：“孩子们，这双手太突出了，它们已经有了自己的生命，不属于这座雕像的整体了。”

罗丹是明智的，不留恋最完美的，只根据自己的需要进行明确的选择。

生活中，我们选择恋人又何尝不是如此。漂亮的、英俊的、有钱的……但如果不适合自己又何谈幸福呢？

爱情绝不是生命的全部，除此之外我们还有更多的事情需要去做，而不必在此浪费时间，特别是不要把感情浪费在不合适的人身上。当你感觉对方不合适时可以果断地选择离开，这何尝不是一种洒脱呢？

一个女孩发现和自己订婚的男孩爱上了另一个女孩，但她觉得凭自己各方面的条件还是有可能令这个男孩回心转意的。于是，她将自己打扮得非常动人，然后约他见面。他看见她的样子，竟被迷住了。她在这最美的时候向他提出了分手，转身离开，留给了他一个洒脱的背影。他开始后悔了，而她，却因为主动提出分手，为自己留下了尊严和一份从容。

当你发现对方已经不适合自己了，不要一味地忍让包容，否则包容也会变成纵容。受了伤害，就有权离开；不爱了，就有权果断。和不适合的人分开，才会给自己机会去遇见合适的人。

感情是珍贵而又容易枯竭的，请珍惜你的感情，别把它浪费在不适合的人身上，唯有如此，你的感情才能开花结果，否则你将收获无尽的伤痛与悔恨。

不要让爱牵绊了幸福

爱情就像做菜，适时地添加作料才美味。如果这份爱走到尽头，没有挽回的余地，那就放手吧，不要让爱成为我们幸福人生的牵绊。

在这个纷繁复杂的物质社会里，爱情也常常会受到各类“病毒”的侵袭，遭遇一些或大或小的冲突。当爱情的伊甸园危机四伏时，是坚守还是突围呢？突围后又是否能有个灿烂的未来呢？越来越多的人为此举棋不定，日夜嗟叹。

“爱到尽头，覆水难收”，勉强维持没有爱情的关系是没有意义的。可是，正是因为占有欲太强，人们会做出各种不理智的事情。有时候，放手也是一种明智。一个不想失去我们的人，未必是能和我们一直走到老的。

当爱情已经走到了“灰飞烟灭”的尽头，无论我们如何费尽心力去维持它，都于事无补。爱是一种自自然然的感觉，爱散了、淡了、完了，就随它去吧，何必“死缠烂打”“寻死觅活”呢？对于一个已经不爱自己的人，坚持又有什么意义呢？曾经以为是天长地久，到头才发现只是萍水相逢，他只是自己

生命中的过客，又何必太在意他的离去呢？生命中总会有人与我们擦肩而过，有人为我们停留，又何必苦苦让自己在一棵树上吊死呢？倒不如放手，给他也是给自己一片广阔的蓝天，这样我们的生活才能过得更好。

芊芊曾经听妈妈讲过她和爸爸之间的爱情故事，很美、很浪漫。她为此感到骄傲：自己的父母是因为爱而结婚的！甚至在一年之前，她仍然认为他们会一直相爱到白头。可理想和现实终究是有距离的。

那是一个飘雪的冬日。清晨，她被爸妈的争吵声惊醒。她走出房门，见爸爸正在穿大衣。"这么早，你要去哪儿？"她想拦下爸爸。

"这个家已经没有我的容身之地了！"爸爸大吼着冲了出去。

妈妈倒在沙发上，无声地哭泣着。自那以后，爸妈天天吵，时时吵，刻刻吵。她不得不去平息他们的战火。如此持续了几个月，大家都已经筋疲力尽了。突然有一段日子，他们不再吵了，而是变得相敬如"冰"，谁都懒得多看对方一眼。爸爸日日晚归，有时整夜都不回家。妈妈还是原来的样子，照常做饭洗衣，只是郁郁寡欢，难得一笑。

一天，芊芊实在忍不住了。"你们离婚吧。你们早就想这样了不是吗？只不过碍于我而迟迟不下决定。实际上我没有你们想的那么脆弱。既然不再相爱，何苦硬是凑在一起？即使你们离婚，也仍是我的爸爸妈妈，我也仍然是你们的女儿。"

妈妈哭了，这芊芊早就料到了，但她不曾想到的是，爸爸竟然也流下了眼泪！

半个月之后，爸爸搬出了他们曾经共有的家。芊芊现在生活得很自在，她的爸爸妈妈也过得很快乐。

爱情没有尺度来衡量，婚姻没有标准来量化。如果爱就要学会宽容，学会等待。爱情就像做菜，适时地添加作料才美味。如果这份爱走到尽头，没有挽回的余地，那就放手吧，不要让爱成为我们幸福人生的牵绊。爱过知情重，如果实在难以割舍，那么告诉自己，放手也是因为太爱对方。

珍爱自己，放弃错爱

这个世界，很多人都可以去爱，彼此照顾，珍惜即可，不必强求完美的心动，相濡以沫，便是最美。

俗话说："人生不如意事常八九"，世界上很少有什么事情会按照自己的愿望圆圆满满地实现。当现实和我们心中的期待发生冲突的时候，难道就没有一种妥协的方法吗？

苏蓉是金融系毕业的高才生，1米68的身高配上大眼睛柳叶眉更是显得国色天香，可就是这样一个各方面都很出众的女孩子，却迟迟嫁不出去。原因很简单，俗话说结婚要"门当户对"、恋人要"男才女貌"，家境和自身条件都很出众的苏蓉认为自己未来的丈夫应该是各方面都和自己相当的人。遗憾的是这样一个完美的人却迟迟没有出现在苏蓉的世界里，在一年又一年的等待中，闺中密友都已经嫁作他人妻，自己的追求者也都纷纷离去，苏蓉还是一直苦苦坚守着自己最初的择偶标准，于是，至今美丽的苏蓉仍然孤单地穿梭在这个时尚的都市里。

现在的都市，像苏蓉这样的单身高龄白领越来越多，他们用自己内心的标准衡量着这个世界来来往往的人群，却因为自己的执着一次又一次大失所望。真爱自己，又何必强求自己？

某大学高才生陈小姐，因相貌欠佳，找工作时总过不了面试关。经历了一次又一次的打击，陈小姐几乎不相信所有的招聘渠道，她决定主动上门专挑大公司推销自己。

她走进一家化妆品公司，面对老总，从一些国际知名化妆品公司的成功之

道说到国产品牌的推销妙招，侃侃道来，顺理成章，逻辑缜密。

这位老总很兴奋，亲切地说："小姐，恕我直言，化妆品广告很大程度上是美人的广告——外观很重要。"陈小姐毫不自惭，迎着老总的目光大胆地说："美人可以说这张脸是用了你们的面霜的结果，丑女则可以说这张脸是没有用你们的面霜所致，殊途同归，表达效果不是一样吗？"

最终，她被正式录取了。

陈小姐于劣势之中，以自爱赢得了胜利。

世间芸芸众生，有一个共同的特点，那就是一切都是为了一个"我"，最放不下的也是这个"我"。于是所有人都拼尽一生，去赚取这个"我"所需要的物质享受和精神享受，最终衍生出无穷无尽的痛苦。

珍爱自己便不会强求自己。人的一生总会遇到许许多多的人，来来往往中有爱我的人来了也有我爱的人走了。世事无常，我们又何必执着于内心那个虚无缥缈的标准，去找那个并不存在的爱的唯一映射体呢？这个世界，很多人都可以去爱，彼此照顾，珍惜即可，不必强求完美的心动，相濡以沫，便是最美。

在爱情的征途上，我们不怕燃烧自己，生命的灿烂在于我们涌动不息的生命激情，我们付出、挥洒、点亮暗淡的人生，在光和影之间轻舞，境由心造，心境互融，浪漫自生……

也许正如张爱玲说的那样：于千万人之中遇见你所要遇见的人，于千万年之中，时间的无涯的荒野里，没有早一步，也没有晚一步，刚巧赶上了，那也没有别的话可说，唯有轻轻地问一声："噢，你也在这里吗？"

第十章 在不抱怨中亲吻幸福

低头的瞬间就成全了彼此

接受不完美的伴侣

幸福婚姻，需要“睁只眼闭只眼”

带着艺术眼光看待婚姻

多一份包容，多一份温暖

婚姻需要信任的滋养

长久的婚姻需要恒久的忍耐

低头的瞬间就成全了彼此

对于婚姻的压力要尽可能地去承受，在承受不了的时候，学会弯曲一下，像雪松一样让一步，这样就不会被压垮。

走在一起的两个人，个性不同，婚姻中难免会出现各式各样的摩擦，有时会矛盾不停，麻烦不断。琐碎的事情是最折磨人的，稍微处理不当，就可能引发更大的麻烦，甚至可能会影响到正常的婚姻生活。

其实，夫妻之间的问题很多都是因为彼此都不愿意让步，不愿意先向对方低头，所以才将问题越积越多，到了最后陷入了无法挽回的地步。如果真正爱对方，想要跟对方一起幸福地生活下去，就要先学会向对方低头。

1983年的冬天，一对夫妇的婚姻正濒于破裂的边缘。为了重新找回昔日的爱情，他们打算做一次浪漫之旅，如果能找回就继续生活，如果不能就友好分手。他们来到加拿大的魁北克的一条南北走向的山谷。这个山谷没有什么特别之处，唯一能够引起人们注意的是它的西坡长满柘、柏、女贞等树，而东坡只有雪松。这一奇异景观是个谜，许多地质学家一再对其进行研究，都一直没有令人满意的结论。

晚上的时候，突然下起了大雪。这对夫妇支起了帐篷，望着满天飞舞的大雪，发现由于特殊的风向，东坡的雪总比西坡的雪来得大，来得密。不一会儿，雪松上就落了厚厚的一层雪。不过当雪积到一定的程度，雪松那富有弹性的枝丫就会向下弯曲，直到雪从枝上滑落。这样反复地积，反复地弯，反复地落，雪松完好无损。可其他的树因没有这个本领，树枝被压断了。西坡由于雪小，总有些树挺了过来，所以西坡除了雪松，还有柘、柏和女贞之类。

帐篷中的妻子发现了这一景观，对丈夫说："东坡肯定也长过杂树，只是不会弯曲才被大雪摧毁了。"丈夫点头称是。少顷，两人像突然明白了什么似的，紧紧拥抱在一起。

对于婚姻的压力要尽可能地去承受，在承受不了的时候，学会弯曲一下，像雪松一样让一步，这样就不会被压垮。婚姻中，不要总是去苛求对方做到完美，因为你也不是完美的，向他（她）低一下头，你们的婚姻就会自有一番风景。

在爱情婚姻中大男子主义的作风是一道不和谐音符，很多男人都觉得自己任何做法都是无可挑剔的，若是和妻子发生争执，那也必须是妻子先低头，不然自己就太没面子。可是妻子也会有自己的委屈，她们希望丈夫能够给予理解。这个时候，如果相互之间没有一个人肯低头认错，那么无疑会让僵持的氛围一直延续。时间长了，自然会影响夫妻之间的感情。

当然，在现实生活中，不理解丈夫的妻子也大有人在。她们只是一味追求家庭幸福、夫妻美满，沉醉于卿卿我我的夫妻生活中，对丈夫兢兢业业为事业操劳的行动不理解，埋怨丈夫回家晚，埋怨丈夫不知道体贴自己，甚至同丈夫吵架，不体谅丈夫，使丈夫的精力不能集中。做妻子的要知道，一些男人所以那么钟爱自己的妻子，就是因为他感到妻子很理解自己，体谅自己，支持自己。有的丈夫说："最了解我的是妻子，最支持我的也是妻子。"

生活中，我们已经活得很累了，不管是男人还是女人，都不容易，当感受到对方已经身心疲惫的时候，就应该低下头去，握住对方的手，让自己的体贴温暖对方，保护对方。

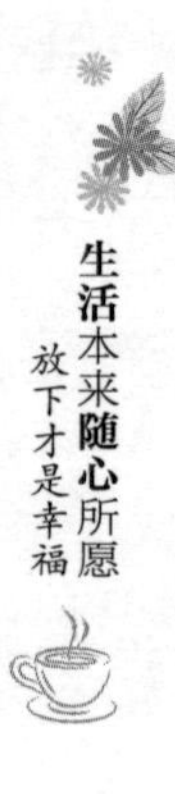

接受不完美的伴侣

天下没有十全十美的男女，相处久了，连上帝身上也能挑出毛病。

婚姻专家曾断言，在大多数婚姻中，导致不幸的魔鬼是为难、责怪。

冬夜寒风刺骨，年轻的夫妻俩因为拖欠房租太久，被房东赶了出来。丈夫在大街上吻着妻子的手内疚地说对不起，妻子指着星空笑着说："这么高的房顶，那么多的星星，都是我们的，和你在一起我真的很快乐。"就这样，他们两人在街心公园的长椅上露宿了一夜。

这个简单短小的故事让人感动。房子固然重要，可是爱人之间的宽容和依恋却绝对不是一套房子可以换取。

人们在结婚以前，往往会对婚后生活、夫妻关系抱有很多幻想和期望。这些幻想和期望往往不那么切合实际，例如，把自己看成是完人，认为自己的一切要求都是合理的，而对方应该绝对地符合自己的要求。例如，妻子希望丈夫文雅、强壮，在事业及家务上都很能干；而丈夫则希望妻子温柔、热情，既有学问又不超越丈夫。如果他（她）认为对方并不太符合自己的要求，就会感到失望，甚至会心灰意懒、极度沮丧。

这种失望的心情很可能由于对比而变得更加强烈。例如，妻子看到别人的丈夫做家务事很能干而更加感到自己丈夫笨拙，丈夫看到人家妻子很会打扮而更加感到自己妻子粗俗。如果用这种对比来指责配偶，会使配偶更加伤心。有些夫妻会因此不停地吵架，他们的爱逐渐死去；有些夫妻则采取冷战避免冲突和争论，极力压抑自己的真正感觉，结果失去与爱接触的机会。夫妻最好能够在这两个极端间找出平衡点，尽量采用良好的沟通技巧，避免争执，也不必消极面对矛盾。

夫妻有时意见不合，这是正常的。争论不一定是伤人的，它可以是传达不同意见的对话。但实际上，大多数夫妻在争论一件事后，不到五分钟，又会以同样的方式为另一件事争论，渐渐升级为战斗，那个时候他们拒绝接受或了解配偶的意见。我们与人越亲密，就越难客观地倾听对方的意见。为了保证自己受到尊重与得到肯定，我们会自动防御以抗拒对方的意见，就算同意对方的意见，我们也可能会固执地和他们争论。

伤害不是因为我们说了什么话所造成的，而是因为我们是怎么说的。男人受到挑战时，他的注意力会集中在对与错上，而忘了表现爱，此时他体贴、尊重的沟通能力和安慰的口气自然会减退，他不知道自己的声音是多么不体贴又多么伤害配偶。此时，一个单纯的意见不合可能听起来都像在攻击女人，建议也变成了命令。女人在此情况下自然会抵抗这种没有爱心的方法。

男人误以为她是反对他的意见，而不知道是自己缺乏爱心的说话方式使她难过，他因不了解她的反应，便不知改正他的说话方式。男人如果没有意识到女人受伤害的感觉，就等于是更增加对她的伤害。

天下没有十全十美的男女，相处久了，连上帝身上也能挑出毛病。生活就是这样，不如想象中的浪漫，生活就是这样平淡下去的，没必要睚眦必报，抱怨连天，当你明白了这一点，幸福也就离你不远了。

幸福婚姻，需要“睁只眼闭只眼”

你珍惜一分，他也会珍惜一分，甚至更多，这样的婚姻才是美好和长久的。

爱，是什么？这又是一个“仁者见仁，智者见智”的问题。爱情使者丘比特也曾问过爱神阿佛洛狄特：“LOVE（爱）的意义在哪里？”阿佛洛狄特说：“L代表Listen（倾听），爱就是要无条件无偏见地倾听对方的需求，并且予以协助；O代表Obligate（感恩），爱需要不断地感恩，付出更多的爱，灌

溉爱的禾苗；V代表Value（尊重），爱就是展现你的尊重，表达你的体贴，真诚地鼓励，发自内心地赞美；E代表Excuse（宽恕），爱就是仁慈地对待，宽恕对方的缺点和错误，接受对方的全部。”也许爱神阿佛洛狄特的解答是贴近真实的，宽恕便是其中必不可少的一种，尤其是在婚姻生活中就显得特别重要。

柏杨先生曾说：“婚姻生活者，半睁眼半闭眼的生活也，天下没有十全十美的男女，如果眼睛睁得太久，或用照妖镜照得太久，恐怕连上帝身上都能挑出毛病。”多么形象的话语，它真实地阐释了人与人之间，尤其是夫妻之间的相处之道。确实，人无完人，虽然说“情人眼里出西施”，但那种目眩神迷的感觉并不能维持一生，轰轰烈烈的初恋过后，步入平平淡淡的婚姻，终究会发现原来“西施”也并不完美。

人追求完美是正确的，但是过分的高标准、严要求追逐完美无缺，就会使想亲近你的人离你而去。中国古人说得好：“水至清则无鱼，人至察则无徒。”一个求全责备、吹毛求疵的人连朋友都找不到，更何况是寻找一个与自己共度一生的人，组建一个幸福的家庭？他们要求对方一点缺点都没有，处处跟自己合得来，这是不可能的。

诚然，追求完美是件好事，但俗话说“清官难断家务事”，毕竟家庭不同于法庭，从来都不是讲理的地方。两个人在一起生活久了，难免会磕磕碰碰，因此，日常生活琐碎细节中的宽容才更能体现爱的真挚。生活本来就是平淡的，在激情渐渐褪去的时候，随之而来的便是更实际的生活。在平淡的生活中，应该真诚地、细心地对待彼此，共同珍惜和维护彼此的感情。在相互的交流中，彼此宽容地看待对方的不足，真诚地帮助对方改正。你珍惜一分，他也会珍惜一分，甚至更多，这样的婚姻才是美好和长久的。

有这么一对夫妇，婚前感情很好，恩爱有加，可结婚不久便开始出现矛盾。妻子埋怨丈夫身上的缺点越来越多，总是一身酒味且直到深夜才回家，对自己也不像从前那样疼爱；丈夫每天忙于工作应酬，希望回家后能得到休息和温存，可妻子总是喋喋不休地埋怨，也不像从前那么温柔了。最后，夫妻二人决定坐下来好好谈谈。

妻子说："你多久没有回家吃晚饭了？"丈夫说："你多久没有起床做早饭了？"妻子说："你不回家陪我吃晚饭，我有多寂寞啊！"丈夫说："你不给我做早饭吃，你知道我上午工作多没精神啊，老板已经批评我好几次了！"原本是一次解决问题的谈话，不料却变成了相互抱怨的争论，最后竟到了要去离婚的境地。

在去街道办事处的路上，他们见到一对老夫妇正相互搀扶走着，老公公怕老妇人累，自己提着一大兜菜，老妇人还不时掏出手帕给老公公擦汗。这对打算去离婚的年轻夫妇，看到这个情景，不禁想起了结婚时的誓言："执子之手，与子偕老。休戚与共，相互包容。"于是，夫妻二人开始各自检讨，一场草率的离婚风波就此平息了。自此之后，他们变得彼此宽容，婚姻生活也因此而幸福美满了许多。

追求婚姻幸福，是每对夫妻的期望，可是现实中，夫妻双方总是存在着这样那样的缺点，我们需要的不是一双"火眼金睛"，也不是一面洞察一切的"照妖镜"，而是对另一半"睁只眼闭只眼"的功力。夫妻生活中，有宽容才能体现爱的真挚，也才能收获家庭的和谐与幸福。

带着艺术眼光看待婚姻

欣赏她想让你欣赏的那部分，这就是学会欣赏的诀窍。

有一位画家以其作品运用色彩技巧非凡、富有生命气息而闻名。人们看了他的画，都说他画得活灵活现、栩栩如生。的确，他绘画技艺娴熟。他画的水果似乎在诱你取食，而他画布上开满春花的田野让你感觉身临其境，仿佛自己正徜徉在田野中，清风拂面、花香扑鼻。他画笔下的人，简直就是一个有血有肉、能呼吸、有生命的人。

一天，这位技艺出众的画家遇见了一位美丽的女士，心中顿生爱慕之情。

他细细打量她，和她攀谈，越来越产生好感。他对她一片赞扬，殷勤关怀，无微不至，最终，女士答应了嫁给他。

可是婚后不久，这位漂亮的女士就发现丈夫对她感兴趣原来是从艺术出发而非来自爱情，他投入地欣赏她身上的古典美时，好像不是站在他矢志终身相爱的爱人面前，而是站在一件艺术品前。不久，他就表示非常渴望把她的稀世之美展现在画布上。于是，画家年轻美丽的妻子在画室里耐心地坐着，常常一坐就是几个小时，毫无怨言。日复一日，她顺从地坐着，脸上带着微笑，因为她爱他，希望他能从她的笑容和顺从中感受到她的爱。有时她真想大声对他说："爱我这个人，要我这个女人吧，别再把我当成一件物品来爱了！"但是她却没有这样说，只说了些他爱听的话，因为她知道他绘这幅画时是多么快乐。画家是一位充满激情，既狂热又郁郁寡欢的人，他完全沉浸在绘画中，一点都没有发现画布上的人日益鲜润美好，而他可爱模特脸上的血色却在逐渐消退。这幅画终于接近尾声了，画家的工作热情更为高涨。他的目光只是偶尔从画布移到仍然耐心地坐着的妻子身上。然而只要他多看她几眼，看得仔细些，就会注意到妻子脸颊上的红晕消失了，嘴边的笑容也不见了，这些全部被他精心地转移到画面上去了。又过了几周，画家审视自己的作品，准备作最后的润色——嘴巴上还需用画笔轻轻抹一下，眼睛还需仔细地加点色彩。

女士知道丈夫几乎已经完成了他的作品，精神抖擞了一阵子。当画家画完最后一笔时，倒退了几步，看着自己巧手匠心在画布上展示的一切，画家欣喜若狂！他站在那儿凝视着自己创作的艺术珍品，不禁高声喊道："这才是真正的生命！"说完他转向自己的爱人，却发现她已经死了。

婚姻不是工作，画家忘记了在婚姻中他是丈夫，而那所谓的欣赏却最终成了妻子的恨。欣赏她想让你欣赏的那部分，这就是学会欣赏的诀窍。她对你展现出柔情妩媚、风情万种，你就欣赏并赞美她的柔情；她对你表示出关心关爱，你就赞美和欣赏她的细心体贴；她对你宽容放纵，就不失时机地夸奖她的雍容大度……

婚后生活的幸福度有一个边际效用递减的过程。男女组成家庭后，对另一半早已熟悉，对美好的新鲜感逐渐褪去。随着年龄增长，家庭的经济收入越来越稳定，越来越容易寻求新的满足，然而，不再需要“共患难”的夫妻，反而感受不到对方存在的重要性了。婚姻毕竟不是一朝一夕的事情，虽然它表面上是平凡、单调的，可是又有几人知道这平凡之中所含的味道，如果从现在开始，欣赏你的另一半，你的婚姻就可以增色不少，它可以帮助你们的婚姻恢复以往的温馨平静。

多一份包容，多一份温暖

挑剔对方的瑕疵可能是婚姻最大的敌人之一。

为什么情人眼里出西施？你可以说是热切的感情蒙蔽了理智的双眼，所以对方的一切瑕疵都可以视而不见，一切错误都可以被包容。而反过来，如果你能始终拥有一颗宽容的心，包容对方的缺点和纰漏，那么你不是一样拥有了这双“情人的眼”？夫妻双方都用情人的眼睛互相看待，婚姻才能持久保鲜。

挑剔对方的瑕疵可能是婚姻最大的敌人之一。当夫妻双方都失去了情人眼，看到的都是对方的缺点和不尽如人意的地方，那么就会产生厌恶感。久而久之，你会变得更加挑剔，而你们的婚姻也会岌岌可危，而明智的婚姻守护者懂得如何包容对方。

英国著名政治家狄斯瑞利是在35岁时才向一位有钱的、比他大15岁的寡妇恩玛莉求婚的，恩玛莉既不年轻也不美貌，更不聪明，她说话充满了使人发笑的文字上的与历史上的错误。例如，她“永不知道希腊人和罗马人哪一个在先”，她对服装的品位古怪，对屋舍装饰的品位奇异，但狄斯瑞利也同样地没有过分挑剔这些。无论恩玛莉在公众场所显出如何无意识，或没有思想，狄斯瑞利永不批评她；他从未说过一句责备的话；如果有人讥笑她，他立即起来忠诚地护卫她。

狄斯瑞利也并不是毫无瑕疵的，但30年的婚姻生活中，恩玛莉也从未厌倦

谈论她的丈夫，她总是在不断地称赞他。恩玛莉也常常幸福地告诉他与她的朋友们：“谢谢他的恩爱，我的一生简直是一幕很长的喜剧。”

正如美国著名的心理学家詹姆士所说的：“与家人交往，第一件应学的，就是不要只注意对方的瑕疵，如果那些东西并不是激烈得与我们相冲的话。”

要想让自己在婚姻里变得更有包容心，应尽量做到：

首先应想他所想。当你们发生摩擦时，设身处地地站在对方的立场上想想，你会发现也许自己也有50%的责任。认识到对方并不是所有麻烦的制造者，会让你减少对对方的责怪。

其次要求同存异。没有人是和你受过完全相同的教育和有着完全相同的生活经历的，每个人都会以自己的方式去行事或以自己的观念去考虑和评价问题，要承认有与你不同想法的人是存在的。而你的另一半自然也是如此。他（她）不可能总是与你持同样的想法，所以有些时候如果意见不同就随它去。

然后在例数他（她）的缺点之前，先罗列他（她）的优点。婚姻中，妻子往往喜欢数落丈夫的种种不是。当你也有这样的想法时，请先想一想他的优点。不要以“他一无是处”为借口，每个人都有优点。当你能正视这些优点时，你也才能客观地与他谈论他的缺点，而不会让他觉得你在无理取闹。

宽容别人就是解放自己。只要我们远离妒忌和怨恨，就会远离痛苦、绝望、愤怒。

经营婚姻，需要夫妻双方多包容，多体谅，在包容与谅解中收获一份属于自己的幸福。

婚姻需要信任的滋养

有人把猜疑比做鸩酒、砒霜，它确实能使爱情之苗枯萎、爱情之花凋谢，它是婚姻交友的大敌。

婚姻是株娇嫩的植物，除了需要用爱心和忠诚去灌溉之外，更需要信任甘露的滋润，相信你的爱人，是对自身的肯定，更是对对方一种无言的鼓励。在家庭生活中，你在信任对方、给对方自由的同时，也给了你的婚姻呼吸的空间。而猜疑却能让彼此的关系产生缝隙，也会让苦心经营的家庭毁于一旦。

王静，身材匀称，外貌漂亮，性格也温柔可人，是每个人眼中的贤妻良母，而她的丈夫王博也堪称仪表堂堂，而且对王静也是一往情深。

随着时间的推移，王静心里不知什么时候增添了一个奇怪的想法：为什么王博总是对自己这么好，是不是做了什么对不起我的事情？于是，她便开始注意起来，不让王博离开她的控制范围。王博是一家外资公司的业务人员，业务上的应酬比较多，王静开始怀疑起来，他真的会有那么多应酬吗？她便开始了"查岗"，跟踪过几次之后，看到王博与男男女女出入酒楼、保龄球馆、娱乐场所，便更加不放心。

她想出了一个对策，每当王博说有应酬时，她都不动声色，但是只要王博出门以后，她便会打电话。今天是自己突然得了急病；明天是宝贝儿子放学没有回家，找遍了亲戚朋友和儿子的同学家也没有找到，儿子失踪了；后天又是自己的钥匙锁在家里，而自己只穿了一套睡衣站在楼梯间……更离奇的还有父母出了车祸、家里遭了窃贼、自己被几个男人非礼……王博爱妻心切，每次都上当回家，每次都无奈地苦笑，再以后是发火、愤怒、大吵。

可是，王静铁下心来，坚持自己的做法。王博屡次与客户失约，或半途退场，生意也丢了一单又一单，最终在又失去一笔大生意后，被老板炒了鱿鱼，

无可奈何的王博最终选择了跳下高高的铁桥。悲痛欲绝的王静怎么也想不到，这场悲剧的总导演就是自己，她想把丈夫完完全全地据为己有，却没有料到永远地失去了他。

古往今来，爱人之间由于无端的猜疑曾经造成多少悲剧啊。《茶花女》中的阿尔芒和玛格丽特以及《看不见的创伤》中男女主人公的悲剧，不是都笼罩着猜疑的阴影吗？莎士比亚的名剧《奥赛罗》更是淋漓尽致地揭示了猜疑的后果：国王女儿苔斯德蒙娜不顾父命，坚贞不渝地追求黑奴出身的将军奥赛罗，奥赛罗也异常爱这个美丽多情的妻子。可是他听信了尼亚古别有用心的谗言，一怒之下，竟然杀死了爱妻。后来真相大白，奥赛罗痛悔交加，便自刎在妻子的尸体旁。一对经历百般磨难才结成良缘的美满夫妻却这样双双惨死了，这是多么令人惋惜的事情。

有人把猜疑比做鸩酒、砒霜，它确实能使爱情之苗枯萎、爱情之花凋谢，它是婚姻交友的大敌。如果年轻的女主人在丈夫外出返家时，言中带怒、行中含怨、心中有猜疑，那就更会使年轻的丈夫感到他在外面的生活更自由、更随意、更无拘无束些，甚至会觉得他的家庭伴侣成了他行动的绊脚石。那么，结果就会适得其反，甚至最终会使她失去自己的丈夫，至少在感情上走向破裂。

那么怎样才能不被猜疑牵着鼻子走呢？

首先，加深了解，充分信任。了解是互相信任的基础。有一位观众熟悉的电影演员，据说追求他的女孩子确实不少，有的痴情姑娘还专门站在制片厂门外等他。单位有人不免替他妻子担心，谁知她听了以后，淡然一笑，不介意地说：“我了解他。”他的妻子为什么能如此坦然呢？就是因为她太了解自己的丈夫了，知道他的品性，深知他的为人，坚信他不是那等轻薄之徒。所以，她自然也就没有烦恼了。

其次，心胸开阔一些，宽容大度，不要轻信传闻，庸人自扰。有些猜疑根本是没有缘由的，有的是误会，有的纯粹是捕风捉影，有的则是小题大做。正如鲁迅先生所说的：“见一封信，疑心是情书了；闹一声笑，以为是怀春了；只要男人来访，就是情夫；为什么上公园呢，只该是赴密约。”要知道，在社会中一个人除了和自己的恋人交往以外，还要工作、学习，还要有自己的社交领地。在对方进行这些正常活动时，怎能无端怀疑、责怪呢？

最后，要开诚布公。有话说在当面，有了嫌隙及时弥补。有些猜疑纯属误会所致，一旦把话说开，把事情弄明白，误会当可消释。否则，有话不说，闷在心里，隔阂会越来越大。

由上可知，经营婚姻重要的是自信与及时沟通，还有双方高度的信任。列宁和他的妻子克鲁普斯卡娅就有一条协定——“互不盘问”，这是维系和发展爱情的重要保证。现实生活中当丈夫感到他与小伙子们和工友们在一起更为有兴趣的时候，当丈夫感到与他的朋友们到室外、到大自然中游玩比他待在家中和妻子做伴更能感受到生活美的时候，作为妻子应十分沉稳地、理智地对待和处理，这样丈夫才会有被信任的温暖，对妻子充满感激之情，并用自己的实际行动回报、保护这样良好的氛围，由此巩固婚姻之城。

长久的婚姻需要恒久的忍耐

如果说相爱是一个甜蜜醉人的梦，那么相处就是一个不识相的闹钟。

有一部广受喜爱的电视剧《金婚》讲述一对夫妻在漫长的50年婚姻生活中的琐碎故事，有初婚的甜蜜，有婚后相互的指责、争执，有中年的疲倦，有遭遇外来诱惑的犹豫，到最后老年的相濡以沫，真实而生动地阐释了婚姻的真谛。爱不仅仅是玫瑰的娇艳，也有咖啡的苦涩，这才是真正的婚姻，这才是真正的生活。

在童话故事中，无论是灰姑娘，还是白雪公主，她们都最终和心爱的王子“有情人终成眷属”。故事到此戛然而止，人们从来不去猜想接下来他们的婚姻生活如何，是否也有争吵？是否也有抱怨？是否也会因“七年之痒”而劳燕分飞？他们真的就能相敬如宾、白头偕老？人们不愿去想，只愿意去品味爱情的浪漫、甜蜜，而不愿去想象婚姻的琐碎。

正所谓：“相爱容易，相处太难。”如果说相爱是一个甜蜜醉人的梦，那

么相处就是一个不识相的闹钟。不可否认，爱情常常是在一个充满想象的空间里，因为思念、回忆、憧憬和距离而愈加美丽动人。而当距离消失，想象便失去了飞翔的翅膀，爱情如仙女落入凡尘，柴米油盐、喜怒哀乐、生老病死交织而成的平淡生活渐渐洗去了她的铅华，现实生活几乎掩盖了浪漫的光环。往日炽热专注的目光变得漫不经心，不厌其烦的绵绵情话变成了言简意赅的三言两语，平日看不够的举手投足渐渐觉得有些碍眼……是不爱了吗？那曾经有过的一切分明历历在目；还爱吗？感觉似乎又不同于从前……

爱情是两个人相互爱慕相互倾心的丰富的思想感情，是精神的，所以也是浪漫的，可以不考虑明天的早餐，可以不考虑烦人的家务，可以不考虑柴米油盐酱醋茶，只管尽情地谈情说爱聊些风花雪月的事；而婚姻是两个人因结婚而产生的夫妻关系，一提结婚自然要买房子买家具，也必然要穿衣吃饭生孩子，衣食住行一样也不能少，而这些都是物质的，深深地扎根在现实的土壤里，因此它是现实的。

很敬佩父母那一辈人，他们大多是相濡以沫、白头偕老的。《读者》杂志上曾有一则小故事：一对性格完全不同，几乎是水火不相容的人，却成就了五十多年的好姻缘。有人问老妇人，这么长的岁月，怎么走过来的？她答一个“忍”字；又问男主人，他答一个“让”字。听着不可思议，实则金玉良言。

《圣经》里给爱的定义是恒久忍耐。如果你爱一个人，那么就永远忍耐他（她）的一切，反过来，如果你恒久忍耐一个人，那么你一定是非常非常爱他（她）的。

爱情真正的天敌，是时间，是岁月，爱情要战胜时间和岁月，凭的是温情而不是激情，靠的是宽容而不是要求，有的是真诚而不是虚伪。因此，要想经营长久的婚姻，需要的是恒久的忍耐。

第十一章 少一份物欲，多一份安宁

欲望有毒，越靠近越危险

不贪恋生活中的“第四个面包”

心淡如水，寡欲则明

用淡泊梳理生活，用宁静安抚心情

心灵载不动太多的贪欲

人生要学会做减法

欲望有毒，越靠近越危险

欲望是一朵带着剧毒的曼陀罗花，我们都中了它的毒，唯有放下是解药。

对于一个不知足的人来说，天下没有一把椅子是舒服的，没有一块美玉是最无瑕纯净的。为了满足欲望，人们奔来奔去、忙里忙外，难有停息的时候，幸福和快乐也就无暇顾及。

古时候，有户人家有两个儿子。当两兄弟都成年以后，他们的父亲把他们叫到面前说："在群山深处有绝世美玉，你们都成年了，应该做探险家，去寻求那绝世之宝，找不到就不要回来了。"

两兄弟次日就离家出发去了山中。

大哥是一个注重实际、不好高骛远的人。有时候，即使发现的是一块有残缺的玉，或者是一块成色一般的玉，甚至那些奇异的石头，他也统统装进行囊。

过了几年，到了他和弟弟约定会合回家的时间，此时他的行囊已经满满的了，尽管没有父亲所说的绝世完美之玉，但造型各异、成色不等的众多玉石，在他看来也可以令父亲满意了。

后来弟弟来了，两手空空，一无所得。弟弟说："你这些东西都不过是一般的珍宝，不是父亲要我们找的绝世珍品，拿回去父亲也不会满意的。"

弟弟拒绝回家，为了找到父亲口中的绝世珍宝，他决定继续去更远、更险的山中探寻，立誓一定要找到绝世美玉。

哥哥带着他的那些东西回到了家中。父亲建议他开一个玉石馆或一个奇石馆，那些玉石稍一加工，就是稀世之品，那些奇石是一笔巨大的财富。

短短几年，哥哥的玉石馆已经享誉八方，他寻找的玉石中，有一块经过加工成为不可多得的美玉，被国王御用作了传国玉玺，哥哥因此也成了倾城之富。

在哥哥回来的时候，父亲听了他介绍弟弟探宝的经历后说："你弟弟不会回来了，他是一个不合格的探险家。他如果幸运，能中途醒悟，明白至美是不存在的这个道理，是他的福气。如果他不能早悟，便只能以付出一生为代价了。"

很多年以后，父亲的生命已经奄奄一息。哥哥对父亲说要派人去寻找弟弟。

父亲说："不要去找了，如果经过了这么长的时间和挫折他都不能顿悟，这样的人即便回来又能做成什么事情呢？世间没有最纯美的玉，没有完善的人，没有绝对的事物，为追求这种东西而不知自止，何其愚蠢啊！"

禅语说：屋顶盖得粗糙，房子会遭雨水侵蚀；未经修养调御的心，欲望贪念会入侵。

佛说人有八苦，其中之一便是求不得。有欲而求，无奈求之不得，所以人生陷入万劫不复的痛苦深渊。"有了千田想万田，当了皇帝想成仙""人心不足蛇吞象"形象地说明了欲望的膨胀，这也是人性的弱点。

正如悲观主义哲学家叔本华所说，欲望是痛苦之源，烦恼之根。人的欲望是永远无法满足的，痛苦与生命是无法分离的。人世间真正的痛苦往往源自于对欲望的执着。

传说，在西方极乐世界的佛国，空中时常发出天乐，地上都是黄金装饰的。有一种极芬芳美丽的花称为曼陀罗花，不论昼夜没有间断地从天上落下，满地缤纷。初见曼陀罗的人，都会惊诧于她的美丽，然而，谁都不会想到的是，如此美丽的花，却有剧毒，犹如充满诱惑力的欲望，掩盖的却是万丈深渊。然而在另一方面，欲望也不全是可怕的，人生也是活在欲望里的，但要是让欲望无穷无尽地蔓延开来，人生也就变得欲壑难填，这样的人生也会变得可悲。

有一对未婚夫妻，兴奋地憧憬着未来的美好的日子，因为他们中了一张高

额彩券，奖金是7.5万美元。可是，这对马上要结婚的新人，在中奖后隔天，就为了“谁该拥有这笔意外之财”而闹翻了。两人大吵一架，并不惜撕破脸，闹上法庭。为什么呢？因为这张彩券当时是握在未婚妻的手中，但是未婚夫则气愤地告诉法官：“那张彩券是我买的，后来她把彩券放入她的皮包内，但我也没说什么，因为她是我的未婚妻嘛！可是，她竟然这么无耻、不要脸，说彩券是她的，是她买的！”

这对未婚夫妻在法庭上大声吵闹，各说各话，丝毫不妥协、不让步，让法官伤透脑筋。最后，法官下令，在尚未确定谁是谁非之时，发行彩券单位暂时不准发出这笔奖金。而两位原本马上要结婚的佳偶因争夺奖券的归属而变成怨偶，双方也决定取消婚约。

欲望容易蒙蔽人的眼睛，使其是非难辨，幻想与现实不分，过度的欲望，只能令人陷于痛苦的深渊。故事中的未婚夫妻正是被欲望填充了心房，而忘却了彼此间的幸福与爱情所在。

智者云：欲望越大，就越容易致祸。的确，古往今来，多少人欲壑难填，多少人被贪婪打败，所以，生活中，我们一定要减轻欲望，懂得舍弃，只有这样才能从贪婪中解脱，从而获得心灵的安静。

欲望是一朵带着剧毒的曼陀罗花，我们都中了它的毒，唯有放下是解药。世间万物，不必计较太多的东西，知足就好。

不贪恋生活中的“第四个面包”

成功只是幸福的一个方面，而不是幸福的全部。

非洲草原上的狮子吃饱以后，即使羚羊从身边经过，也懒得抬一下眼皮。瑞士奶牛也是一样，只要解决了吃饭问题，它就会闲卧在阿尔卑斯山的斜坡上，一边享受温暖的阳光，一边慢条斯理地反刍。

有一位作家非常赞赏瑞士奶牛和非洲狮子的生存哲学，他说，假如你的饭量是三个面包，那么你为第四个面包所做的一切努力都是愚蠢的。

王立有一个做医生的朋友，几年前到一个宾馆去开会，一眼瞥见领班小姐，貌若天仙，便上前搭讪。小姐莞尔一笑，用一种很不经意的口气说："先生，没看见你开车来哦！"这个朋友当即如五雷轰顶，大受刺激，从此立志加入有车族。后来他们在一起吃饭，几杯酒下肚之后，这个朋友告诉王立，准备把开了一年的"昌河"小面包卖掉，换一辆新款的"爱丽舍"。然后又问王立买车了没有？王立老老实实地回答，还没有，而且在看得见的将来也没有这种可能性。他同情地看着王立："唉！一个男人，这一辈子如果没有开过车，那实在是太不幸了。"

这顿饭让王立吃得很惶惑。因为按他目前的收入水平，买辆"爱丽舍"，他得不吃不喝地攒上好几年。更糟糕的是，若他有一天终于买上了汽车，也许在他还没有来得及品味"幸福"滋味的时候，一个有私人飞机的家伙就会同情地对他说："作为一个男人，没开过飞机太不幸了！"那他这辈子还有救吗？

这个问题让王立坐立不安了很长时间。如何挽救自己，免于堕入"不幸"的深渊，让他甚为苦恼。直到有一天，他无意中听到了在台湾创立济慈医院的证严法师在一次讲法时说的一段话：有菜篮子可提的女人最幸福。因为幸福其实渗透在我们生活中点点滴滴的细微之处，人生的真味存在于诸如提篮买菜这样平平淡淡的经历之中。我们时时刻刻拥有着它们，却无视它们的存在。

王立恍然大悟，原来他的这个医生朋友在用一个逻辑陷阱蓄意误导他：没有汽车是不幸的；你没有汽车，所以你是不幸的。但这个大前提本身就是错误的，因为"汽车"与"幸福"并无必然的联系。

在一个成功人士云集的聚会上，王立激动地表达了自己内心深处对幸福生活的理解："不生病，不缺钱，做自己爱做的事。"会场上爆发了雷鸣般的掌声。

成功只是幸福的一个方面，而不是幸福的全部。人们对"成功"的需求是永无止境的，没完没了地追求来自外部世界的诱惑——大房子、新汽车、昂贵

服饰等，尽管可以在某些方面得到快乐和满足，但是这些东西最终带给我们的是患得患失的压力和令人疲惫不堪的混乱。

两千多年前，苏格拉底站在熙熙攘攘的雅典集市上叹道："这儿有多少东西是我不需要的！"同样，在我们的生活中，也有很多看起来很重要的东西，其实，它们与我们的幸福并没有太大关系。我们对物质不能一味地排斥，毕竟精神生活是建立在物质生活之上的，但不能被物质约束。面对这个已经严重超载的世界，面对已被太多的欲求和不满压得喘不过气的生活，我们应当学会用好生活的减法，把生活中不必要的繁杂除去，让自己过一种自由快乐的生活。

心淡如水，寡欲则明

欲望太多，就会导致心理贫穷！

私心、贪婪，常使人跌倒，重重地跌在自己恶念的祸害里。丹尼·罗德克说："世界上几乎所有大宗教都有着一条戒律，就是反对贪婪。在现实生活中，我们常可听到人们用鄙夷不屑的口吻说出贪得无厌、贪心不足、贪婪成性等贬斥贪婪的词汇来。"人性中的贪婪总是能被轻易而彻底激发起来，当金钱成为人生的目的，一个小小的谎言都能让人上当，贪婪也就开始牢牢地控制住人了。

《伊索寓言》讲述了这样一则故事：

有一次，孙子和祖父进林子里去捕野鸡。祖父教孙子用一种捕猎机，它像一只箱子，用木棍支起，木棍上系着的绳子一直接到他们隐蔽的灌木丛中。野鸡受撒下的玉米粒的诱惑，一路啄食，就会进入箱子，只要一拉绳子就大功告成了。

支好箱子藏起不久，就有一群野鸡飞来，共有九只。大概是饿久了的缘故，不一会儿就有六只野鸡走进了箱子。孙子正要拉绳子，可转念一想，那三只也会进去的，再等等吧。等了一会儿，那三只非但没进去，反而走出来三只。

孙子后悔了，对自己说，哪怕再有一只走进去就拉绳子。接着，又有两只走了出来。如果这时拉绳，还能套住一只。但孙子对失去的好运不甘心，心想着还会有些野鸡要回去的，所以迟迟没有拉绳。

结果，连最后那一只也走了出来，孙子一只野鸡也没有捕到。

贪婪是欲望无止境的一种表现，它让人永不知足。永不知足是一种病态，其病因多是对权力、地位、金钱之类的贪婪而引发的。这种病态如果继续发展下去，就是贪得无厌，其结局是自我爆炸，自我毁灭。捕鸟的孙子，就是因为贪婪，想得到更多的东西，最后却把现在所拥有的也失掉了。

人生的快乐不在于他得到了多少，而在于他是否懂得享受自己所拥有的东西。我们日常奔波劳碌努力地为自己赚取更多，这原本无可厚非，也是一种正常的心理，但同时我们要有一颗感恩知足的心，珍惜我们已经拥有的，从贪欲中解脱出来，这样我们才能够获得更多的快乐。

一位虔诚的教徒受到天堂和地狱问题的启发，希望自己的生活过得更好，他找到先知伊利亚。

“哪里是天堂，哪里是地狱？”伊利亚没有回答他，拉着他的手穿过一条黑暗的通道，来到一座大厅。大厅里挤满了人，有穷人，也有富人。有的人衣衫褴褛，有的人珠光宝气。在大厅的中央支着一口大铁锅，里面盛满了汤，下面烧着火。整个大厅中散发着汤的香气。大锅周围挤满两腮凹进、带着饥饿目光的人，都在设法分到一份汤喝。

但那勺子太长太重，饥饿的人们贪婪地拼命用勺子在锅里搅着，但谁也无法用勺子盛出来，即使是最强壮的人用勺子盛出来，也无法把汤靠近嘴边去喝。有些鲁莽的家伙甚至烫了手和脸，还溅在旁边人的身上。于是大家争吵起来，人们竟挥舞着本来为了解决饥饿的长勺子大打出手。

先知伊利亚对那位教徒说：“这就是地狱。”

他们离开了这座房子，再也不忍听他们身后恶魔般的喊声。他们又走进一

条长长的黑暗的通道，进入另一间大厅。这里也有许多人，在大厅中央同样放着一大锅热汤。就像地狱里所见的一样，这里勺子同样又长又重，但这里的人营养状况都很好。大厅里只能听到勺子放入汤中的声音。这些人总是两人一对在工作：一个把勺子放入锅中又取出来，将汤给他的同伴喝。如果一个人觉得汤勺太重了，另外的人就过来帮忙。这样每个人都在安安静静地喝。当一个人喝饱了，就换另一个人。

先知伊利亚对他的教徒说："这就是天堂。"

其实，快乐重要的是对追求过程的一种体验，而不是结果。结果无论成败得失，只要中间过程给我们带来了欢乐喜悦，那就行了。有时，得而复失，失而复得，幻想破灭，空欢喜一场，这都是快乐的过渡和转化。

而世上各种幸福的人，都有一个共同的特点便是"知足"，只有知足才能常乐。

事实上，我们所拥有的并不少，仅仅是因为欲望太多就使自己不满足，甚至憎恨别人所拥有的或期望比别人拥有更多，以致心里产生忧愁、愤怒和不平衡。欲望太多，就会导致心理贫穷！在人类历史发展的过程中，贪婪完全可以说是人类最大的敌人。

托尔斯泰说："欲望越少，人生就越幸福。"同理，我们也可以说欲望越多，就越容易致祸。生活中，我们一定要减少欲望，懂得舍弃，只有这样我们才能从贪婪中解脱，从而获得心灵的安宁。

用淡泊梳理生活，用宁静安抚心情

淡泊是一种心态，一种胸怀；宁静是一种境界，一种品格。

宠辱不惊，方能心态平和，心如止水；恬然自得，方能达观进取，笑看风云。我们在当下的生活中对事对物，对功名利禄，若失之不忧，得之不喜，则正是“淡泊以明志，宁静以致远”。

一个青年苦于现实生活的郁闷、惆怅，情绪非常低落，于是便到庙里走一走。到了寺院，但见寺庙里香客不断，檀香馥郁。再看香客们的脸，一张张都写满坦然、从容、镇定，他有些迷惑：莫非佛门真乃净地，果真能净化众生的心灵？流连寺院中，但见一位在枯树下潜心打坐的佛门老者，那入迷之态止住了他的脚步。走近细看，老者那面露慈祥却心纳天下的表情强烈地震撼了他——原来一个人能超然物外地活着是多么美好！

他悄然坐在了老者身边，请求老者开示。他向老者谈了他心中的苦痛，然后问：“为什么现代人之间钩心斗角，纷争不已？”老者拈须而笑，铿锵而悠长地说：“我送你一句佛语吧。”老者一字一顿说的是：“爱出者爱返，福往者福来！”青年幡然醒悟！听佛门一偈语，胜读十年书啊！

如果芸芸众生都能明白这个道理，这个世界岂不成了人间净土，又何来那么多的失意、忧烦、痛苦啊？

心境不同，看物与景的感觉自然不同。焦躁疑虑的人看到的是毫无生命光泽的枯草，志定心安的人方可见云卷又云舒。“爱出者爱返，福往者福来”便是这样的道理。

很多时候，客观事物的改变只是由于自身心境的变迁，“心中有快乐，所见皆快乐”，若以宁静而无杂念的心去看世界，虽然它并没有变样，你却能享

受到那份平淡中的永恒。这时你再回头站在局外看不过短短几十年的人生，会发现它只是宇宙的一次呼吸而已，那些凡尘琐事真如过眼云烟般不值一提，有如此豁达的心境为伴，看问题便高人一筹，因此会少很多口舌之争、劳神之苦。

诸葛亮54岁时写给他8岁儿子诸葛瞻的《诫子书》中说："非淡泊无以明志，非宁静无以致远。"意思是一个人在社会中生活，若淡泊名利等身外之物，便可以真正明确自己的志向，若心无旁骛地投入某项你所钟爱的事业中，便可以实现远大的目标。这是诸葛亮一生的真实写照，亦是我们后人谨遵的警示名言。为世俗名利所困扰，就算成功了，得到的也只是物质丰裕的快感，缺少"闲居无事可评论，一炷清香自得闻"的那派悠然。按照诸葛亮所说的，我们若喜欢一件事物，沉下心来好好地投入，研究它、发展它，把功名等泛泛之事都抛之脑后，终有一天，我们收获的除了兴致，还有成功。

拉尔夫是一位国际著名的登山家，他曾经在没有携带氧气设备的情况下，成功地征服了多座高峰，这其中还包括了世界第二高峰——乔戈里峰。其实，许多登山高手都以不带氧气瓶而能登上乔戈里峰为第一目标。但是，几乎所有的登山好手来到海拔6500米处，就无法继续前进了，因为这里的空气变得非常稀薄，几乎令人窒息。因此，对登山者来说，想靠自己的体力和意志，独立征服8611米的乔戈里峰峰顶，确实是一项极为严峻的考验。

拉尔夫却突破障碍做到了，他在事后举行的记者招待会上，说出了这一段历险的过程。拉尔夫说，在突破海拔6500米的登山过程中，最大的障碍是心里各种翻腾的欲念。在攀爬的过程中，任何一个小小的杂念，都会让人松懈意志，转而渴望呼吸氧气，慢慢地让人失去冲劲与动力，而"缺氧"的念头也会开始产生，最终让人放弃征服的意志，不得不接受失败。

拉尔夫说："想要登上峰顶，首先，你必须学会清除杂念，脑子里杂念愈少，你的需氧量就愈少；你的欲念愈多，你对氧气的需求便会愈多。所以，在空气极度稀薄的情况下，想要登上顶峰，你就必须排除一切欲望和杂念！"

排除一切欲望和杂念，保持身心安定、清净、祥和，没有欲望和杂念的干扰，能量的消耗就会降到最低限度。

可见淡泊、宁静并非陶渊明式的消极避世，反之，这是一种积极的进取，只是前进的途径不一样而已，就像中国的太极功夫，它最大的特点是以静制动、积柔成刚，就是把柔韧的力量积攒到一定的强度，再用此击败对方。同样的道理，你在行路的过程中，不急功近利，心态平和，以超然的心境过生活，生活才能有条不紊，安然前进。

淡泊是一种心态，一种胸怀；宁静是一种境界，一种品格。大凡真正淡泊宁静之人，皆能摒弃个人得失，能做到此点实属不易。若是有远大的理想又乐于奉献的人，有宁静与淡泊一路相伴，他的生命必然充实稳健。

心灵载不动太多的贪欲

贪欲会使人的精力和体力双重透支。放下贪欲，追求平实简朴的生活，是获得快乐的最简单的方法。

有这样一句名言："满足不在多加燃料，而在于减少火苗；不在于累积财富，而在于减少欲念。"

贪欲会使人的精力和体力双重透支。放下贪欲，追求平实简朴的生活，是获得快乐的最简单的方法。

当欲望产生时，再大的胃口都无法填满，贪多的结果只会无穷尽的烦恼和麻烦。学会接纳自己、欣赏自己，使我们从欲念的无底深渊中得到释放与自由，这才是快乐的始发站。

据说上帝在创造蜈蚣时，并没有为它造脚，但是它仍可以爬得和蛇一样快速。有一天，它看到羚羊、梅花鹿和其他有脚的动物都跑得比它还快，心里很不高兴，便嫉妒地说："哼！脚愈多，当然跑得愈快。"

于是，它向上帝祷告说："上帝啊！我希望拥有比其他动物更多的脚。"

上帝答应了蜈蚣的请求。他把好多好多的脚放在蜈蚣面前，任凭它自由取用。

蜈蚣迫不及待地拿起这些脚，一只一只地往身体贴上去，从头一直贴到尾，直到再也没有地方可贴了，它才依依不舍地停止。

它心满意足地看着满身是脚的自己，心中暗暗窃喜："现在我可以像箭一样地飞出去了！"但是，等它一开始要跑步时，才发觉自己完全无法控制这些脚。这些脚噼里啪啦地各走各的，它非得全神贯注，才能使一大堆脚不致互相绊跌而顺利地往前走。

这样一来，它走得比以前更慢了。

过度的欲望让蜈蚣步伐缓慢、举步维艰，而人的心里一旦产生了过分的欲望，终有一天，也会产生超载的现象，而这种负荷的结果是不堪设想的。

现今的社会是一个科技发达、物质丰富、充满竞争的社会，我们心中的欲望，常被挑逗得像是看见红色斗篷的斗牛：他人暴富的经历，更让我们血脉贲张，跃跃欲试；时尚名牌漫天飞，哪能心如止水；美女香车招摇过市，我们的心早已蠢蠢欲动；更不能忍受的是别墅洋房的诱惑……因此，太多的时候，我们会被世上的名利、金钱、物质所迷惑。心中只想得到，只想将其统统归于己有，而不想舍弃，更舍不得放下。于是心中就充满了矛盾、忧愁、不安，心灵上就会承受很大的压力，以至于活得很累。

老师带着他的学生打开了一个神秘的仓库。这仓库里装满了放射着奇光异彩的宝贝，也不知存放者是谁。仔细看，每个宝贝上都刻着清晰可辨的字纹，分别是：骄傲、正直、快乐、爱情……

这些宝贝都是那么漂亮、那么迷人，学生见一件爱一件，抓起来就往口袋里装。

可是，在回家的路上他才发现，装满宝贝的口袋是那么的沉。没走多远，他便气喘吁吁，两腿发软，脚步再也无法挪动。

老师说："孩子，我看还是丢掉一些宝贝吧，后面的路还长着呢！"

学生恋恋不舍地在口袋里翻来翻去，不得不咬咬牙丢掉两件宝贝，但年轻人还是感到它很沉很沉，双腿依然像灌了铅一样的重。

“孩子，”老师又一次劝道，“你再翻一翻口袋，看还可以丢掉些什么。”

学生终于把沉重的名和利也翻出来丢掉了，口袋里只剩下谦虚、正直、快乐、爱情……一下子，他感到说不出的轻松和快乐。

但是，当他们走到离家只有100米的地方时，年轻人又一次感到了疲惫，前所未有的疲惫，他真的再也走不动了。

“孩子，你看还有什么可以丢掉的，现在离家只有100米了。回到家，等恢复体力还可以回来取。”

学生想了想，拿出“爱情”看了又看，恋恋不舍地放在了路边。

他终于走回了家。

可是他并没有想象中的那样高兴，他在想着那个让他恋恋不舍的“爱情”。老师对他说：“爱情虽然可以给你带来幸福和快乐，但是，它有时也会成为你的负担。等你恢复了体力还可以把它取回，对吗？”

第二天，他恢复了体力，按着来时路拿回了“爱情”。他真是高兴极了，他欢呼雀跃、感到无比的幸福和快乐。这时，老师走过来摸着他的头，舒了一口气：“啊，我的孩子，你终于学会了放弃！”

我们每个人都有欲望，但欲望太多，人生就会变得疲惫不堪。

在现代社会，如何控制好自己的欲望，不仅关系到我们每日的心情，更关系到我们的人生。生命属于个人，每个人都有权设计自己的生活和人生道路。所有的心愿，只要符合法律和道德的要求，都应该受到尊重。但是我们必须明白：生命的过程中，一切物质都是不可靠的奴仆，想让自己的人生得以升华，就必须放下这些本性之外的东西，去追求生活本身的淳朴，这样才能活得惬意、活得洒脱。

每个人都应学会轻载，因为我们的心灵之舟载不动太多的贪念和欲望。

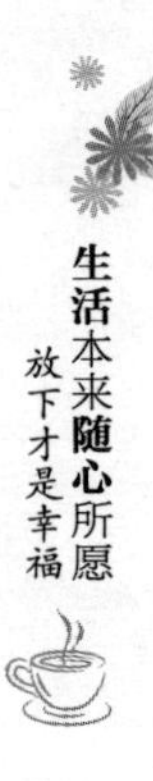

人生要学会做减法

面对诱惑不动心，不为其所惑。虽平淡如行云，质朴如流水，却让人领略到一种山高海深，让人感觉到一份放心。

合理、有度的欲望本是人奋发向上、努力进取的动力，但倘若欲望变质了我们就容易上当、受骗。人的欲望一旦转变为贪欲，那么在遇到诱惑时就会失去理性。

一个顾客走进一家汽车维修店，自称是某运输公司的汽车司机。他对店主说："在我的账单上多写点零件，我回公司报销后，有你一份好处。"但店主拒绝了这样的要求。顾客继续纠缠道："我的生意很大，我会常来的，这样做你肯定能赚很多钱！"店主告诉他，无论如何也不会这样做。顾客气急败坏地嚷道："谁都会这么干的，我看你真的是太傻了。"店主火了，指着那个顾客说："你给我马上离开，请你到别处谈这种生意。"谁知这时顾客竟露出微笑并紧紧握住店主的手说："我就是这家运输公司的老板，我一直在寻找一个固定的、信得过的维修店，我终于找到了，你还让我到哪里去谈这笔生意呢？"

面对诱惑不动心，不为其所惑。虽平淡如行云，质朴如流水，却让人领略到一种山高海深，让人感觉到一份放心。这样的人也是真正懂得如何生存的人。

荀子说："人生而有欲。"人生而有欲望并不等于欲望可以无度。北宋理学大家程颐说："一念之欲不能制，而祸流于滔天。"古往今来，因不能节制欲望，不能抗拒金钱、权力、美色的诱惑而身败名裂，甚至招致杀身之祸的人不胜枚举。诱惑能使人失去自我，这个世界有太多的诱惑，一不小心往往就会掉入陷阱。找到自我，固守做人的原则，守住心灵的防线，不被诱惑，你才能生活得安逸、自在。

1856年，亚历山大商场发生了一起盗窃案，共失窃8只金表，损失16万美元，在当时，这是相当庞大的数目。就在案子尚未侦破前，有个纽约商人到此地批货，随身携带了4万美元现金。当她到达下榻的酒店后，先办理了贵重物品的保存手续，接着将钱存进了酒店的保险柜中，随即出门去吃早餐。在咖啡厅里，她听见邻桌的人在谈论前阵子的金表失窃案，因为是一般社会新闻，这个商人并不当一回事。中午吃饭时，她又听见邻桌的人谈及此事，他们还说有人用1万美元买了两只金表，转手后即净赚3万美元，其他人纷纷投以羡慕的眼光说："如果让我遇上，不知道该有多好！"

然而，商人听到后，却怀疑地想："哪有这么好的事？"到了晚餐时间，金表的话题居然再次在她耳边响起，等到她吃完饭，回到房间后，忽然接到一个神秘的电话："你对金表有兴趣吗？老实跟你说，我知道你是做大买卖的商人，这些金表在本地并不好脱手，如果你有兴趣，我们可以商量看看，品质方面，你可以到附近的珠宝店鉴定，如何？"商人听到后，不禁怦然心动，她想这笔生意可获取的利润比一般生意优厚许多，便答应与对方会面详谈，结果以4万美元买下了传说中被盗的8只金表中的3只。

但是第二天，她拿起金表仔细观看后，却觉得有些不对劲，于是她将金表带到熟人那里鉴定，没想到鉴定的结果是，这些金表居然都是假货，全部只值几千美元而已。直到这帮骗子落网后，商人才明白，从她一进酒店存钱，这帮骗子就盯上了她，而她听到的金表话题也是他们故意安排设计的。骗子的计划是，如果第一天商人没有上当，接下来他们还会有许多花招准备诱骗她，直到她掏出钱为止。

贪婪自私的人往往目光如豆，所以他们只瞧见眼前的利益，看不见身边隐藏的危机，也看不见自己生活的方向。贪欲多的人，往往生活在日益加剧的痛苦中，一旦欲望无法获得满足，他们便会失去正确的人生目标，陷入对蝇头小利的追逐。贪婪者往往自掘坟墓而不自知。我们一定要随时提醒自己，要给欲望一个合理的限度，过度的欲望就是贪欲，而贪欲很可能会使你失去一切。

第十二章 放弃也是一种智慧

在鱼与熊掌间理智取舍
把我放弃的哲学
睿智选择，适时放弃
适时刹车，轻松自在
在选择与放弃间收获幸福
小弃小得，大弃大得

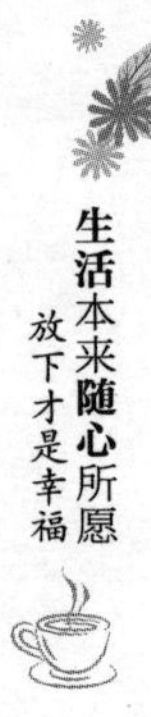

在鱼与熊掌间理智取舍

有取就有舍，而有舍才有得。

孟子曰：鱼我所欲也，熊掌亦我所欲也，二者不可得兼，舍鱼而取熊掌者也。孟子认为当人必须在两者之间做取舍选择的时候，要两者取其重，舍掉相对轻的一方。这段关于鱼和熊掌的发论成为千年以来的名篇，其原因即在于孟子对于取舍的精彩论述。

有人在空地上洒了些蜜，许多苍蝇赶来，因舍不得走被蜜粘住了脚，再也飞不起来。苍蝇因为舍不得而丧失了行动的能力，人有时候何尝不是这样，因为不舍得放弃，结果失去了更多的东西。

有取就有舍，而有舍才有得。人们往往只是看到了他人舍去的世俗的荣华富贵和荣誉地位，却忽略了他舍弃这些东西背后所得到的更加珍贵的东西。

所以说，做人要有所为有所不为，明取舍是很重要的一点，这也是一种人生的境界。

要做到如孟子所说的那样能在鱼与熊掌间理智取舍，其实并没有人们想象的那么难。现实中，我们需要的也许只是一点理智，一点坚忍。成功的人之所以成功，是因为他们知道该做什么，不该做什么；什么应该去坚持，而什么又该去舍弃。

中国雅虎前任总裁曾鸣曾说："一个臭的决策往往是很容易就决定了，而一个好的决策往往在一时之间难以取舍，这是因为你不知道它到底是对的还是错的。"

其实，一个领导者的决策过程就是舍与得的取舍过程。就像阿里巴巴有很多错误，但是它在取舍方面就有好与坏之分。马云为了使阿里巴巴成为世界上最好的电子商务平台，多年来一直"舍得"让新成立的业务处于亏损状态。

在2007年的年会上，马云指出阿里巴巴目前的主要任务是做大规模，而不是赚钱，尤其是对淘宝和支付宝而言。他让大家忘掉钱，忘掉赚钱，不要在意外界对阿里巴巴的负面评价。很多人都很关注阿里巴巴的淘宝网收费的问题，马云的想法很简单，他认为淘宝如果要真正想赚钱，首先要考虑的是淘宝帮别人是否真正赚了钱。所以说，淘宝现在收费的时机还尚不成熟，因为它的市场还需要培育。比如像做一个例子，如果阿里巴巴在路上发现了很多的小金子，于是它就不断地捡起来，当它浑身装满了金子的时候它就会走不动，这样的话它就永远到不了金矿的山顶。另外，马云认为淘宝收费是需要有一点创新的，因为所有模仿的东西都不会超出预期值很多，就像Google能超出人们期望的高度就是因为它的创新，全球最大门户网站雅虎也是靠自己的创新最终大获成功的。

自从淘宝成立以来，它每年的交易额以10倍的速度迅速增长，仅2007年上半年的交易额就达到了157亿元，网站注册会员超过4000万，在中国C2C市场中的份额几乎达到了80%。面对这样卓越的成绩，淘宝的人却说："我们现在的规模连婴儿都不是。"他们认为只有当淘宝的交易额可以与传统的商业巨头，像国美、沃尔玛等相媲美时，淘宝才是真正面向个人用户电子商务的未来所在。

马云的这种舍弃小利益，为社会创造更高价值的理念，使得他把握住了互联网的命脉。同时，正是基于对电子商务的坚定信念，马云立志在不久的将来要把阿里巴巴做成世界十大网站之一，从而实现"只要是商人，就一定要用阿里巴巴"的目标。

马云正是知道什么时候该舍弃，什么时候该坚持，才一步步地走到了今天。

相信所有的人对于世间美好的事物都是十分向往的，可是鱼与熊掌不可兼得，如果说我们面前有一棵树，远处依然有广阔的森林等着我们，而舍弃的含义就是不为了一棵树而放弃整片森林。而舍不舍得，以及怎样去"舍"，又怎样去"得"，就全看我们自己了。取舍，是我们一生的功课。

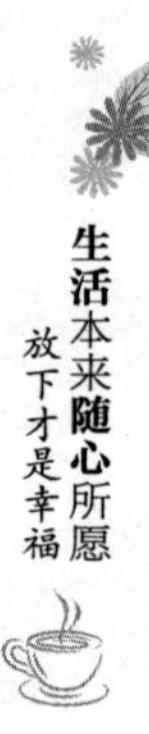

把我放弃的哲学

学会放弃，是一种人生的哲学，能够做到敢于放弃，那是一种生存的魄力，更是一种良好的心态。

人生在世，喜欢的东西无穷尽，但不是所有我们喜欢的东西都一定要据为己有。很多人因为自己得不到的东西而殚精竭虑、失魂落魄，在无尽的追逐中，偏离了原本属于自己的人生轨道，失去了更多的东西。俗话说："有果必有因，缘起缘落，是你的终究是你的，不是你的，强求也得不来。"

有个书生和未婚妻约好在某年某月某日结婚。但到了那一天，未婚妻却嫁给了别人，书生为此备受打击，一病不起。

这时，一位过路的僧人得知这个情况，就决定点化一下他。僧人来到他的床前，从怀中摸出一面镜子叫书生看。书生看到茫茫大海，一名遇害的女子一丝不挂地躺在海滩上。路过一人，看了一眼，摇摇头走了。又路过一人，将衣服脱下，给女尸盖上，走了。再路过一人，过去，挖个坑，小心翼翼地把尸体埋了。书生正疑惑间，画面切换。

书生看到自己的未婚妻，洞房花烛，被她的丈夫掀起了盖头。书生不明就里，就问僧人。僧人解释说："那具海滩上的女尸就是你未婚妻的前世。你是第二个路过的人，曾给过她一件衣服。她今生和你相恋，只为还你一个情。但她最终要报答一生一世的人，是最后那个把她掩埋的人，那个人就是她现在的丈夫。"书生听后，豁然开朗，病也渐渐地好了。

书生为什么会病倒？就是因为他太在乎、太执着，对自己的未婚妻始终放不下，当僧人帮他解释了未婚妻的情况后，他就能从心底将这件事放下了。

放弃一段成就不了的无缘爱情，书生才能够获得新生。我们的生活中并没有那么多无谓的执着，更没有太多的不能割舍。人的一生不可能什么都得到，放弃了条件丰厚、优越的城市生活，才能够过清净宜人，悠然自得的生活；放弃了大量的闲暇时间，去努力拼搏，才能够听到来自成功后祝贺的掌声；放弃了娇嫩的皮肤，整日在烈日的暴晒下练习，才能成为奥运会上的一名田径运动员。

学会放弃，是一种人生的哲学，能够做到敢于放弃，那是一种生存的魄力，更是一种良好的心态。

过去有一个人出门办事，跋山涉水，好不辛苦。有一次经过险峻的悬崖，一不小心掉到了深谷里去。

此人眼看生命危在旦夕，双手在空中攀抓，刚好抓住崖壁上枯树的老枝，总算保住了性命，但是人悬荡在半空中，上下不得，正在进退维谷、不知如何是好的时候，忽然看到慈悲的佛陀，站立在悬崖上慈祥地看着自己，此人如见救星般，赶快求佛陀说："佛陀！求求您慈悲，救我吧！"

"我救你可以，但是你要听我的话，我才有办法救你上来。"佛陀慈祥地说。

"佛陀！到了这种地步，我怎敢不听你的话呢？随你说什么？我全都听你的。"

"好吧！那么请你把攀住树枝的手放下！"

此人一听，心想，把手一放，势必掉到万丈深坑，跌得粉身碎骨，哪里还保得住性命？因此更加抓紧树枝不放，佛陀看到此人执迷不悟，只好离去。

放弃，是一种人生境界，只有超然于生命之上的顿悟，才能够让自己获得重生。有时候放弃了手上的救命稻草，其实是另一种生机。

人生亦是如此，当生活强迫我们必须在两难境地作出生死抉择的时候，必须要放弃一时的心安，而来争取全局。放弃是一种远见，放弃是一种智慧。有所放弃，才会有所收获，才能最少地损害自己的利益，最大地保全自己。有所放弃，才能发现自己执着的人生背后还有一片天空。学会放弃，便会迎来另一种机遇，另一个精彩的世界。

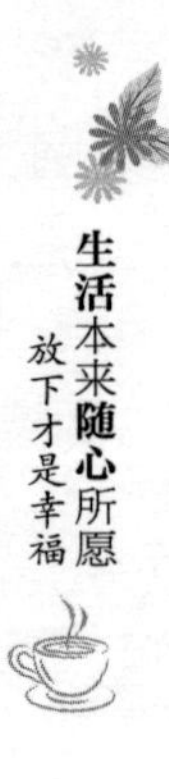

睿智选择，适时放弃

放弃一些烦琐，为了轻便地前行；放弃一丝惆怅，为了轻快地歌唱；放弃一段凄美，为了轻松地梦想。

人生需要选择，也需要放弃，选择与放弃是成功的两个不可缺少的条件。选择是人生成功路上的航标，只有量力而行的睿智选择才会拥有更辉煌的成功；放弃是智者面对生活的明智选择，只有懂得适时放弃的人才会事事如鱼得水。

放弃，是一种智慧，是一种豁达，它不盲目，不狭隘。

放弃，对心境是一种宽松，对心灵是一种滋润，它驱散了乌云，它清扫了心房。有了它，人生才能有爽朗坦然的心境；有了它，生活才会阳光灿烂。

1998年的诺贝尔奖得主崔琦，在有些人眼里简直是怪人：远离政治，从不抛头露面，整日浸泡在书本中和实验室内，甚至在诺贝尔奖桂冠加顶的当天，他还如常地到实验室工作。更令人难以置信的是，在美国高科技研究的前沿领域，崔琦居然是一个地地道道的“电脑盲”。他研究中的仪器设计、图表制作，全靠他一笔一画完成，即使发电子邮件，也都请秘书代劳。他的理论是：这世界变化太快了，我没有时间去追赶！

崔琦放弃了世人眼里炫目的东西，为自己赢得了大量宝贵的时间，也赢得了至高无上的荣誉。人的一生很短暂，有限的精力使人不可能方方面面都顾及，而世界上又有那么多炫目的精彩，这时候，放弃就成了一种大智慧。放弃其实是为了得到，只要能得到你想得到的，放弃一些对你而言并不是必需的“精彩”，又有什么不可以呢？

贪婪是大多数人的毛病，有时候只抓住自己想要的东西不放，就会给自己带来压力、痛苦、焦虑和不安。往往什么都不愿放弃的人，结果却什么也没有得到。

放弃是一种睿智。尽管你的精力过人、志向远大，但时间不容许你在一定时间内同时完成许多事情，正所谓“心有余而力不足”。所以，在众多的目标中，我们必须依据现实，有所放弃，有所选择。如果在放弃之后，烦乱的思绪梳理得更加分明，模糊的目标变得更加清晰，摇摆的心变得更加坚定，那么放弃又有什么不好呢？在生活中，总有很多的无奈需要我们去面对，总有很多的道路需要我们去选择。放弃一些原本不应该属于自己的，去把握和珍惜真正属于自己的，去追寻前方更加美好的。放弃一些烦琐，为了轻便地前行；放弃一丝怅惘，为了轻快地歌唱；放弃一段凄美，为了轻松地梦想。放弃，是一种伤感，但更是一种美丽。

能够放弃是一种超越，睿智的人都懂得该放弃时就放弃。不吐故就无法纳新，看似艰难的取舍，可以让我们走出人生的迷途，可以改变我们的命运。敢于放弃，在落泪之前悄然离去，只留下一个简单的背影；敢于放弃，将昨天埋在心底，只留下一份美好的回忆。当你能够放弃一切，做到简单从容的时候，你生命的低谷就已经过去。生活中有时需要我们做出选择，但什么才是最难舍弃的？是一种道义，还是一段感情？为什么不能抛开和牺牲一些东西，而去获得另一些永恒？

《百喻经》里有一个故事：

从前有一只猩猩，手里抓了一把豆子，高高兴兴地在路上一蹦一跳地走着。一不留神，手中的豆子滚落了一颗，为了这颗掉落的豆子，猩猩马上将手中其余的豆子全部放置在路旁，趴在地上，转来转去，东寻西找，却始终不见那一颗豆子的踪影。

最后猩猩只好用手拍拍身上的灰土，回头准备拿取原先放置在一旁的豆子，怎知那颗掉落的豆子没找到，原先的那一把豆子却全都被路旁的鸡鸭吃得一颗也不剩了。

失去的已经失去，何必为之大惊小怪或耿耿于怀呢？失去某种心爱之物大都会在我们的心理上投下阴影，有时甚至因此而备受折磨。究其原因，就是我们没有调整心态去面对失去，没有从心理上承认失去，只沉湎于已不存在的过

去，而没有想到去创造新的未来。与其怀恋过去，不如抬起头，去争取未来。

人生如演戏，每个人都是自己的导演，只有学会选择和懂得放弃的人才能创作出精彩的电影，拥有海阔天空的人生。

适时刹车，轻松自在

学会刹车，是一个人成熟的标志。

刹车是人生中一门非常重要的功课，如果不懂得适时刹车，就会给人造成拖沓、无礼甚至更坏的感觉。一个人知道什么时候刹车，那就表明他成熟了、顿悟了。

以前有一名酷爱文学的学生，苦心撰写了一篇小说，请一位著名作家指导，当时作家正好眼睛不适，于是学生便将作品读给作家听。读到最后一个字，学生停顿下来。作家问："结束了吗？"学生听语气意犹未尽，心中暗喜，马上回答说："没有啊，下部分更精彩。"

于是，学生继续用自己的构思叙述下去。又"念"了一会儿，作家又似乎难以割舍地问："结束了吗？"小说看来写得真不错，学生心中暗想着，于是他更兴奋，更激昂，更富于创作激情，不可遏止地一而再、再而三地接续、接续……最后，电话铃声骤然响起，打断了学生的思绪。

电话找作家有急事。作家匆匆准备出门。

"那么，没读完的小说呢？"学生问。

作家回答："其实你的小说早该收笔，在我第一次询问你是否结束的时候，就应该结束，没必要画蛇添足，看来，你仍然还没能把握情节脉络，尤其是缺少决断。"

刹车决断是写文章的根本，拖泥带水，如何打动读者？学生追悔莫及，后来写作规避了这点，最后终成大器。

刹车也是一种机会，是我们重新开始新的起点。的确，适时刹车可以避免自己滑下深渊，避免遭遇祸端，让我们获得新生。这一点，在自然界也有着同样的体现，有例为证：

在非洲辽阔的草原上，生活着一群群的猎豹。羚羊是猎豹最喜爱的食物。在捕食时，猎豹总是伏下身，一步一挪地接近羚羊，尽量不让对方发现，然后以迅雷不及掩耳之势向对方扑去。但是灵敏的羚羊往往会迅速地躲闪开，竭尽全力快速逃离。猎豹则在后面箭一般地追逐，始终目标专一地盯着前面那头边跑边不断急转弯的羚羊。700米、600米、500米、400米……距离越来越短，羚羊唾手可得。可是，令人惊异的是猎豹有时竟会突然刹车，望着咫尺之内的羚羊，悠然地走开了。

这是为什么呢？原来，猎豹虽然是动物中的奔跑冠军，追击猎物的时速可高达120公里，可是公平的大自然在赐予它无与伦比的速度的同时，却没有赐予它足够的耐力。它根本无法长时间追逐猎物，当它的奔跑速度达到110公里以上的时候，它的呼吸系统和循环系统都在超负荷运转。如果它追猎的时间过长又不成功，就有可能饿死，因为它再没有力气去捕猎了。

为了能有足够的体力对付下一次捕猎，不导致饿死的结局，猎豹的做法很果断，那就是一定要在30秒的时间内，也就是在800米的距离内，将猎物追捕到手。如果超过了这个时间和距离，它们就会坚决放弃，刹车而不再前行。

观看猎豹捕猎，往往能给我们很多启示：身为短跑冠军，美食在前却能及时放弃。而在职场生活中，有许多人因为有着出众的才学品貌，总是十分自负，想要的东西就一定要拥有，结果盲目向前，最后遭遇失败，让自己的身心长时间内都无法恢复，所以，我们要懂得刹车。

人生旅途也是这样的，只有学会刹车，才能更加轻松自在。学会刹车，是一个人成熟的标志。

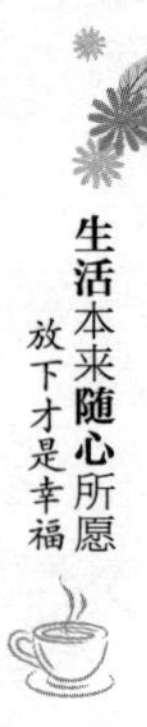

在选择与放弃间收获幸福

幸福就是学会选择，懂得放弃。

我们时常听到老人们提起他们的小时候，说那时虽然吃不饱、穿不暖，却觉得生活得很幸福。也常听自己的同龄人抱怨，抱怨生活中有太多的抉择，以至于幸福就在抉择中溜走了一半。也许是我们的生活比起父辈来过于琳琅满目，也许是杂乱的物质让我们的思想变得越来越复杂，在光怪陆离的生活中我们丢掉了幸福，殊不知，幸福就是学会选择，懂得放弃。

人生中，左右为难的情形会时常出现，比如面对两份同具诱惑力的工作，两个同具诱惑力的追求者。为了得到其中“一半”，我们必须放弃另外“一半”。若过多地权衡，患得患失，到头来将两手空空，一无所得。我们不必为此感到悲伤，因为能抓住人生“一半”的美好就已经足够幸福了。

两个朋友一同去参观动物园。动物园非常大，他们的时间有限，不可能参观到所有动物。他们便约定：不走回头路，每到一处路口，选择其中一个方向前进。第一个路口出现在眼前时，路标上写着一侧通往狮子园，一侧通往老虎山。他们琢磨了一下，选择了狮子园，因为狮子是“草原之王”。又到一处路口，分别通向熊猫馆和孔雀馆，他们选择了熊猫馆，熊猫是“国宝”嘛……

他们一边走，一边选择。每选择一次，就放弃一次，遗憾一次。因为时间不等人，如不这样做他们遗憾将更多。只有迅速做出选择，才能减少遗憾，得到幸福的感觉。

幸福在选择中诞生，然而在选择和取舍时却必须要有理性、睿智和远见卓识，不可鼠目寸光，不可急功近利，更不可本末倒置，因小失大。选择不是一锤子的买卖，不能因为一粒芝麻丢了西瓜；不能因为留恋一棵小树而失去整片的森林。

很多时候，我们总是想选择这个，却害怕错过那个，于是拿起来又放下，到最后一刻还在犹豫。这个会有这样的缺点，那个会有那样的不足，所以总迟迟下不了决心，或者选择之后，又来回地更改，时间和精力都在患得患失之间被耽搁了，幸福也在指间流走。世界上没有十全十美的东西让你选择，每一样东西都会有它自身的弱点，所以，当我们选择之后就应大胆地往前走，而不是走一步三回头，这在很大程度上会影响了前进的速度。

那些事业有成之士，总会在抉择之后一直走下去。释迦牟尼在宗教事业和王位之间，选择了创立佛学；鲁迅在拯救人的灵魂和人的身体之间，选择成为一代文豪；迈克尔·乔丹放弃了棒球运动员的梦想，成为世界篮坛上最耀眼的“飞人”球星；帕瓦罗蒂放弃了教师职业，成为名扬世界的歌坛巨星。

人生的大多数时候，无论我们怎样审慎地选择，终归都不会是尽善尽美，总会留有缺憾，但缺憾本身也是一种美。有些选项看似诱人，但如果不适合自己，那就要果断舍弃。做出什么样的选择，要视自身条件和具体情况而定，要有自己的主见。

小弃小得，大弃大得

有所得必有所失，只有学会放弃，学会放下，才有可能登上人生的顶峰。

下棋的时候，有些局面需要弃子，弃子的力度把握得越好，得到的战果就越佳，甚至是将杀对方的国王。

生活中有这样一个小故事：

有一个聪明的年轻人，很想在一切方面都比他身边的人强，他尤其想成为一名大学问家。可是，许多年过去了，他的其他方面都不错，学业却没有长进。他很苦恼，就去向一个大师求教。

大师说：“我们去登山吧，到山顶你就知道该如何做了。”

那山上有许多晶莹的小石头，煞是迷人。每见到他喜欢的石头，大师就让他装进袋子里背着，很快，他就吃不消了。

“大师，再背，别说到山顶了，恐怕连动也不能动了。”年轻人疑惑地望着大师。

“是呀，那该怎么办呢？”大师微微一笑，“该放下！不放下，背着石头怎么能登山呢？”大师道。

年轻人一愣，忽然心中一亮，向大师道了谢走了。之后，他一心做学问、进步飞快……

其实，有所得必有所失，只有学会放弃，学会放下，才有可能登上人生的顶峰。

我们很多时候羡慕在天空中自由自在飞翔的鸟儿，人，其实也该像这鸟儿一样，欢呼于枝头，跳跃于林间，与清风嬉戏，与明月相伴，饮山泉，觅草虫，无拘无束，无羁无绊。然而，这世上终还有一些鸟儿，因为忍受不了饥饿、干渴、孤独乃至于“爱情”的诱惑，从而成为笼中鸟，永远地失去了自由，成为人类的玩物。

与人类相比，鸟儿面对的诱惑要简单得多。而人类，却要面对来自红尘之中的种种诱惑，人们往往在这些诱惑中迷失了自己，跌入了欲望的深渊，把自己装入了一个个打造精致的所谓“功名利禄”的金丝笼里。

这，是鸟儿的悲哀，也是人类的悲哀。然而更为悲哀的是，鸟儿被囚禁于笼中，被人玩弄于股掌之上，仍欢呼雀跃，放声高歌，甚至于呢喃学语，博人欢心；而人类置身于功名利禄的包围中，仍自鸣得意，唯我独尊。这应该说是一种更深层次的悲哀。

人生在世，有许多东西是需要不断放弃的。在仕途中，放弃对权力的追逐，随遇而安，得到的是宁静与淡泊；在淘金的过程中，放弃对金钱无止境的掠夺，得到的是安心和快乐；在春风得意、身边美女如云时，放弃对美色的占有，得到的是家庭的温馨和美满。

苦苦地挽留夕阳，是傻人；久久地感伤春光，是蠢人。什么也不放弃的人，往往会失去更珍贵的东西。今天的放弃，是为了明天的得到。

懂得放弃才有快乐，背着包袱走路总是很辛苦。也许有时我们只看到放弃时的痛苦，而忘记了那些如果我们不放弃就会得到的更大的痛苦。

放弃是一种境界，大弃大得，小弃小得。

第十三章 成功要耐得住寂寞

修为内在，成就外在

功夫到了自然成

沉住气才能成大器

少一份躁动，多一份平静

心静如水，聆听心声

务实铺就成功之路

修为内在，成就外在

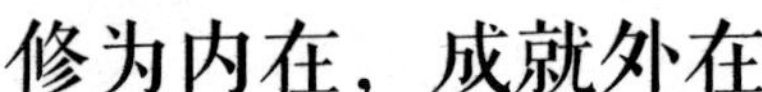

意粗性躁，一事无成；心平气和，千祥骈集。

在北京大学的圈子里，谁都知道季羡林是“国宝”级的大师，但他毫无架子，对下属、对助手、对学生关怀备至，博大无私。正因如此，季先生赢得了校内外乃至全国广大师生的崇敬。这是发生在季老身上的一件真实的事情：

在北大新生入学的时候，一位学生因为身边的行李太多不方便随身携带，因此把行李托付给一位老人。这位学生自己跑去新生报到处了，但是由于学生众多，等他把一切手续都办好后，他才发现已经过了很久，但是当他回来的时候那位老人仍然还在等待着他，他感动地谢谢了老人，却忘记询问老人是谁。

新生开学后不久要举行开学典礼，让这位新生惊讶的是，走上来致辞的副校长不就是那天帮自己看东西的老人吗？至此，他才明白原来那是季羡林老师。

学问深处意气平，一个人的成就是他才能的外显。内在有修为，才能够外在有成就，平易随和才是真正的大家风范。

《格言联璧》中有一句话，叫“意粗性躁，一事无成；心平气和，千祥骈集”。心浮气躁事必难成，现实生活中，尤其是一些年轻人，渴望成就，却吝于成长，渴望卓越，却不能甘于平凡。他们不知道机遇来自自我提升，作为来自内在修为，一进公司就想要好的岗位和机遇，却认识不到自我差距。等到职业的“新鲜期”一过，就陷入浮躁的情绪中，轻则消极怠工，重则跳槽走人，这实在是很可惜的事情。

联想集团培养人才有一个方法叫做“缝鞋垫”与“做西服”。柳传志认为，培养一个战略型人才和培养一个优秀的裁缝是一样的道理，一开始不能给他一块上等毛料去做西服，而是应让他从缝鞋垫做起。不能操之过急，要一个一个台阶爬上去，最后才能做出好的西服。

杨元庆1988年中国科技大学研究生毕业后来到联想，从推销员干起，两年后做了一个不很重要的业务部经理，之后才调到最重要的微机事业部做总经理。在微机事业部他带领一群人拼搏，使联想电脑市场份额在两年间获得了大的飞跃，1996年更是在中国电脑市场上一马当先，令许多同行业厂家刮目相看。

郭为1988年研究生毕业后进入联想集团，是联想集团第一位有MBA学位的员工。他先后干过总裁秘书，公关部经理。一年后成为集团办公室的主任经理。在以后的5年里，他做过业务部门的经理、企划部的总经理，负责过财务部门的工作，后担任神州数码的领导。

1994年郭为被派到广东惠州联想集团新建的生产基地，担起创业的重任，之后又被派往香港联想负责投资事务。1997年3月他又负责联想科技公司的成立工作，之后成功地完成了公司代理业务的整合。岗位变动频繁，每一次都是不同类型的业务。这期间他也有过失误，也曾在全体员工大会上做过检查，可以说经受过了“无情”的锤打与磨炼，到了今天，他已经是神州数码的总裁。

与1979年后诞生的一些新型企业相比，联想这种稳扎稳打、步步为营的人才培养的做法与耐心是少见的。今天联想能够有那么多位年轻的总经理领军作战，这种令人振奋的局面，从根本上与80年代末就开始的人才策略是分不开的。

只有在当前的工作中不断地磨砺和完善自己，才能够在日后担当大任。《礼记·大学》中，有“止于至善”的说法，做工作和追求学问是一样的，都要有“止于至善”的精神，不断磨砺自己，精益求精，自满只会让自己故步自封。

有一次，孔子带领众弟子去参观鲁桓公的庙宇，发现了一种叫做“溢满”的容器，这种圆形容器倾斜而不易放平。孔子不解地问守庙人，守庙人说：

“这是君王放置在座位右边的一种器具。当它空着的时候就会倾斜，装入一半水时就正立着，灌满了就翻倒过来。”

于是孔子就回头叫一个弟子往容器内灌水，果然是在水灌满的时候容器就翻倒过来了。孔子感慨地说：“不错！哪有满而不翻的道理呢！”针对这种现象，孔子又趁机向弟子们讲述了一番做人的道理，即做人一定要谦虚，不能骄傲自满，要像大地一样低调沉稳，承载万物；像大海一样虚怀若谷，容纳百川。

当一个人觉得自己不需要提高的时候，就好像被灌满的容器一样，马上就要倾倒了，自满是一个人成长路上最大的阻碍。

我们应当做的就是保持一颗谦虚的心，唤醒自己内心深处对学习的渴望，在生活中不断提升自我。

功夫到了自然成

水温够了茶自然香，功夫到了自然成。

关于浮躁，明代边贡在《赠尚子》一诗里有过这样的描述：“少年学书复学剑，老大蹉跎双鬓白。”讲的是，年轻人刚要坐下学习书本知识，又要去学习击剑，如此浮躁，时光匆匆溜掉，到头来只落得个白发苍苍、两手空空。

现代生活中也不乏这样的人，他们看到一部文学作品在社会上引起强烈反响，就想学习文学创作；看到电脑专业在科研中应用广泛，就想学习电脑技术；看到外语在对外交往中起重要作用，又想学习外语……由于他们对学习的长期性、艰巨性缺乏应有的认识和思想准备，只想“速成”，一旦遇到困难，便失去信心，打退堂鼓，最后哪一种技能也没学成。

一个屡屡失意的年轻人觉得在工作单位很没面子，单位领导并没有给他重要的岗位去锻炼，也没有提拔他的迹象……于是他决定外出寻求指点。他千里迢迢来到普济寺，慕名寻到老僧释圆，沮丧地对他说："人生总不如意，活着也是苟且，有什么意思呢？"

释圆静静地听着年轻人的叹息和絮叨，末了才吩咐小和尚说："施主远道而来，烧一壶温水送过来。"

不一会儿，小和尚送来了一壶温水。释圆抓了茶叶放进杯子，然后用温水沏了，放在茶几上，微笑着请年轻人喝茶。杯子冒出微微的水汽，茶叶静静浮着。年轻人不解地询问："宝刹怎么用温水沏茶？"

释圆笑而不语。年轻人喝一口细品，不由得摇摇头："一点茶香都没有呢。"

释圆说："这可是闽地名茶铁观音啊。"

年轻人又端起杯子品尝，然后肯定地说："真的没有一丝茶香。"

释圆又吩咐小和尚："再去烧一壶沸水送过来。"

又过了一会儿，小和尚便提着一壶冒着浓浓白汽的沸水进来。释圆起身，又取过一个杯子，放茶叶，倒沸水，再放在茶几上。年轻人俯首看去，茶叶在杯子里上下沉浮，丝丝清香不绝如缕，望而生津。年轻人欲端杯，释圆作势挡开，又提起水壶注入一线沸水。茶叶翻腾得更厉害了，一缕更醇厚更醉人的茶香袅袅升腾，在大禅房弥漫开来。释圆这样注了五次水，杯子终于满了，那绿绿的一杯茶水，端在手上清香扑鼻，入口沁人心脾。

释圆笑着问："施主可知道，同是铁观音，为什么茶味迥异吗？"

年轻人思忖着说："一杯用温水，一杯用沸水，冲沏的水不同。"

释圆点头："用水不同，则茶叶的沉浮就不一样。温水沏茶，茶叶轻浮水上，怎会散发清香？沸水沏茶，反复几次，茶叶沉沉浮浮，释放出四季的风韵：既有春的幽静、夏的炽热，又有秋的丰盈和冬的清冽。世间芸芸众生，也和沏茶是同一个道理，也就相当于沏茶的水温不够，想要沏出散发诱人香味的茶水不可能；你自己的能力不足，要想处处得力、事事顺心自然很难。要想摆脱失意，最有效的方法就是苦练内功，提高自己的能力。"

年轻人茅塞顿开，回去后刻苦学习，虚心向人求教，不久就引起了单位领导的重视。

水温够了茶自然香，功夫到了自然成。历史上凡有所建树的人，往往都是很勤奋、很努力的人。任何一项成就的取得，都是与勤奋和努力分不开的，只要功夫做到家，自然能获得成功。

“涓流积至沧溟水，拳石垒成泰华岑。”这一出自宋代陆九渊《鹅湖和教授兄韵》的诗句劝喻人们：涓涓细流会聚起来，就能形成苍茫大海；拳头大的石头累积起来，就能形成泰山和华山那样的巍巍高山。只要我们勤勉努力，耐心积累，那么不论自身条件与客观条件如何，最终能走上成才建业之路。

沉住气才能成大器

沉得住气是一种修养，有这种修养的人往往能镇定自若地控制局面，让局势转危为安。

有时候成功离我们真的很近，但是由于自己不沉着、急躁而让成功与自己擦肩而过。所以我们一定要把握好身边的每一个机会，沉住气。相信自己，坚持行动，就能成功。

爱尔玛16岁的时候，梦想在戏剧界成名，可是她的监护人——西亚叔叔却要她当一个售货员或者秘书。但叔叔知道爱尔玛非常固执，于是答应给她一次机会，去参加皇家戏剧学院的考试，考不上就必须服从他的安排。

考试的前几个星期，她给皇家戏剧院寄去一个棕色的信封，如果失败了，棕色的信封就退回来，如果通过了，就给她寄来一个白色信封，告诉她下次考试的日期。

爱尔玛精心准备了一个小品，表演一个快乐的农家少女，逗弄一个农村小伙子。她比他还大胆，她跳过小溪向他走去，手叉着腰，朝着他哈哈大笑。

考试那天，爱尔玛出台了，她跑两步往空中一跳就到了舞台的正中，欢乐地大笑，紧跟着说出了第一句台词。这时，爱尔玛很快地瞥了评判员一眼，使她惊奇的是评判员正在聊天，他们大声谈论着，并且比画着。爱尔玛见此情景，非常绝望，连台词也忘掉了。她听到评判团主席说："停止吧！谢谢你……小姐，下一个，下一个请开始。"

爱尔玛仅在舞台上待了30秒钟就下台了，她什么人也看不见，什么也听不见，她只知道她能做的只有一件事：投河自杀，因为评判员的态度让她明白了自己的最终结果。

她来到河边，看着河面，水是暗黑色的，泛着油光，肮脏得很。她想，等她死了别人把她拖出来的时候，身上会沾满脏东西，还得吞下那些脏水。"唔！这不行。"她把自杀的念头打消了。

第二天，有人告诉她到办公室去取白信封。

白信封？！她有了白信封？！她真的拿到了白信封。她考取了。若干年以后，爱尔玛碰到了那个评判员，便问他："请告诉我，为什么在初试时你们对我那么不好？就因为你们那么不喜欢我，我曾经去自杀过。"

那评判员瞪大眼睛望着她："不喜欢你？亲爱的姑娘，你真是疯了！就在你从舞台侧翼跳出来，来到舞台上的那一瞬间，而且站在那儿向着我们笑，我们就转身彼此互相说着：'好了，她被选中了，看看她是多么自信！看看她的台风！我们不需要再浪费一秒钟了，还有十几个人要测试呢！叫下一个吧。'"

爱尔玛差点被一时的冲动毁了自己的前程！

的确，如果你沉不住气，那么本来能办到的事，结果也许办不成；相反，本来没有指望的事，如果你沉住气冷静思考和分析，那么事情就有可能办成。可见，人在办事前的心态是影响其成功的重要因素，有时候，事情的难易并非如人所料，不要被表面的现象吓倒，只要再耐心一下，沉住气，就会有意外的收获。

沉得住气是一种修养，有这种修养的人往往能镇定自若地控制局面，让局势转危为安。而日常生活中，有多少人能真正做到沉得住气呢？常常见到一些沉不住气的人，在头脑发热的情况下就盲目行事，最后造成憾事。

世界第二号网球明星，美国男子网球运动员麦肯罗，身体素质好，球技精湛。他在比赛中奔跑迅速，步伐敏捷；重扣轻吊，变幻莫测，直线球、大角球更是鬼神难料。凭着他超人的体质、卓越的球艺，在历次比赛中，无论是在顺境中还是在逆境中，他都能成功地控制局势，赢得胜利，多次登上冠军的宝座。然而遗憾的是，麦肯罗球风恶劣，缺少起码的运动品质。

麦肯罗在一次英国女皇俱乐部举行的伦敦草地网球比赛中，过五关斩六将，战胜了所有的对手，第三次蝉联了这项比赛的冠军。但是，就是在这次比赛中，他却多次表现出极端恶劣的球风。他不服从裁判员的判决，蛮横地质问女裁判员克拉克："你为什么要破坏这次比赛？"当场外观众对他的这种不礼貌行为进行批评和指责时，他又把怒气转向观众，大骂道："笨蛋，住口！""一群猪猡！""你们跳到湖里去洗洗头脑吧！"最后，当他对一个边线球的裁判员提出质疑时，十分野蛮地捡起地上的网球，狠狠地向女巡边员身上砸去。裁判员克拉克实在无法忍受这种极不文明的举动，向麦肯罗出示了"非运动员行为"的警告牌。比赛结束后，麦肯罗不但不认真检查自己的过失，反而向大会提出荒唐无理的建议：不要女裁判员裁判男子比赛。

他的粗鲁无礼，遭到过人们激烈的反对，使他失去了众多的支持者。但麦肯罗的恶劣球风并未得到彻底改变，终于受到严厉的惩罚。

1981年6月23日，在伦敦温布尔登网球赛的第一轮比赛中，他又因一个球不服从裁判员判决并且辱骂裁判员，被大会组委会课以1500美元的罚款，并警告他，如果今后再有类似事情发生，他将被罚款10000美元，甚至取消他的比赛资格。

在这次受罚和严重警告以后，麦肯罗才冷静下来，开始注意自己的球风，并且在实际比赛中有了很大改进。在以后的一场双打比赛中，裁判员错判了一个边线球，他没有吵闹，十分规矩地接受了这个错判，并以友好和认真的态度打完了这场比赛。事后，记者评述道："在这场比赛中，麦肯罗的行为是无懈可击的。"

但是"江山易改，本性难移"，不久，麦肯罗又旧病复发，经常在球场上因为控制不住情绪、沉不住气而辱骂裁判员、丢拍子，因而得到了一个"坏孩子"的称号。

期望得到外界的认同，这一点本无可厚非，但在遭遇不公、挫折的时候，必须要学会理智，学会冷静，沉得住气，否则会使自己后悔莫及。

生活中，只有冷静沉着，沉得住气，才能理性地思考解决之道，这才是真正的智者所为。

少一份躁动，多一份平静

少一份躁动，多一份平静，心里自然清净无忧，而这样的生活，该是多么的美丽与幸福。

现代社会鼓励人与人之间的竞争，人在适当的时候表现一下自己是应该的，但在我们身边，常常有这样的人，他们仅仅有一点见识，就总是喧哗不休，到处炫耀，这样的人一定会四处碰壁。等到他们有了教训，才会想到静下心来踏实做事。因此，我们都应该学会克服内心的浮躁，让自己慢慢沉淀下来。从下面这个故事中或许我们能得到不少启发。

有一个人心情不佳，倒了一杯茶，又倒了一杯酒，一起放在桌上。看着桌上的茶和酒，他迟疑着不知要喝哪一杯才好。他心里想：心情不好时应该喝酒，因为喝了酒，一醉解千愁，正可沉沉睡去。但是随即又想：心情不好时应该喝茶，因为喝了茶，人清醒了，可以观照情绪的起伏，情绪一清明，烦恼自然就消散了。

正当他迟疑不决的时候，突然听到桌上的茶说话了："我是百草之王、万木之心，从前都是供奉帝王之家，出入五侯的宅院，当然要先喝我了。"

茶一说完，酒立刻笑了起来："真是可笑，从古到今，茶贱酒贵，帝王喝了酒，自称万岁；大臣喝了酒，就无所畏惧。连能定天生死的神仙，都喜欢酒的供奉，茶怎么能比呢？当然是先喝我了！"

茶大笑，说："我是茗草，这是人人都知道的，有的白如玉，有的黄如

金。天下的名僧大德也都知道，喝了我可以去昏沉。我向来是供养弥勒、奉献观音，千劫万劫以来，连诸佛都钦佩。酒呢？只能使家财败坏，又能使人淫乱，只要喝上三盏，就会罪孽深重。”

酒很不服气：“茶是平民主物，三文钱就能喝饱，好酒却是贵人公卿所仰慕的。茶呢？不能喝了茶而高歌，也不能喝了茶而跳舞，你不见古来的诗人才子，渴了喝一杯酒，能养命祛病；多喝几杯，能吟诗作词。酒不只是消愁的药，也是养贤的药，更是激发灵感的药，所有的诗歌、音乐、艺术，都源自酒泉，如果光喝茶水，谁敢动管弦呢？”

茶听了有些生气：“你说喝酒可以养贤，喝茶却会生病，但是我却只听说喝了酒才会中毒和生病，却从来没听过喝了茶得了茶疯茶癫的。从前，刘伶一醉三年，就像死了一样。喝酒的人杀盗淫妄，在法院的状子里，处处都写着酒醉乱性的事，却从来没有一张写着醉茶闹事呀！所以，好酒的人如果改喝茶，就不会惹是生非，就会一生平安顺利！”

茶与酒就这样你一言、我一语，吵得不可开交，正在难分难解的时候，突然有一个清脆的声音说话了，说话的原来是水：“你们两个不用在这里争功了，也不用在这里互相毁谤了。人生四大，地水火风，水是最重要的。茶得不到水，是什么样子？酒如果没有水，又是什么样子？米面干吃，损了肠胃；茶叶干吃，划破喉咙。所以，我才是万物之主、五谷之宗。江河淮济，有我才会通；我也能飘荡天地，也能涸杀鱼龙；更不用说作为茶与酒的祖宗！从今以后，你们两个都不用争功！”

这个小故事的寓意是深刻的。我们在生活中常遇到这样的人，他们学识不高，修养不够，却总是目空一切，到处炫耀自己那点可怜的学识，这样的人是浅薄的，他们不知道人外有人、天外有天的道理。

我们时时拥有一颗轻松自在的心，不管外在世界如何变化，自己都能有一片清静的天地。清静不在热闹繁华中，不在和别人一争高低中，更不在一颗所求太多的心中。少一份躁动，多一份平静，心里自然清净无忧，而这样的生活，该是多么的美丽与幸福。

心静如水，聆听心声

人闲桂花落，夜静春山空。月出惊山鸟，时鸣春涧中。

《夕阳箫鼓》以柔婉的旋律、安宁的情调，描绘出人间的良辰美景：当那暮鼓送走夕阳，箫音迎来圆月的傍晚，人们驾起轻舟，在平静的春江上漫游，两岸青山叠翠，花枝弄影；水面波心荡月，桨橹添声。乐曲通过委婉质朴的旋律、流畅多变的节奏、巧妙细腻的配器、丝丝入扣的演奏，形象地描绘月夜春江的迷人景色，尽情赞颂江南水乡的风姿异态。全曲就像一幅工笔精细、色彩柔和、清丽淡雅的山水长卷，引人入胜。

在优美的旋律中，人们沉醉于对静谧流淌的春江及其两旁景象的遐想之中，正是这份宁静，让人们心静如水，感悟生活的美好、人生的美妙。

富有的农夫在巡视谷仓时，不慎将一只名贵的手表遗失在谷仓里，他在偌大的谷仓内遍寻不获，便定下赏金，要农场上的小孩到谷仓帮忙，谁能找到手表，给他50美元。

众小孩在重赏之下，无不卖力地四处翻找，但是谷仓内满坑满谷尽是成堆的谷粒以及散置的大批稻草，要在这当中找寻小小的一只手表，实在是大海捞针。

小孩们忙到太阳下山仍无所获，一个接着一个放弃了50美元的诱惑，回家吃饭去了。只有一个贫穷的小孩，在众人离开之后，仍不死心地努力找着那只手表，希望能在天黑之前找到它，换得那笔巨额赏金。

谷仓中慢慢变得漆黑，小孩虽然害怕，仍不愿放弃，不停摸索着，突然他发现静下来之后，出现一个奇特的声音。

那声音“嘀嗒”“嘀嗒”不停响着，小孩停下所有动作，谷仓内更安静了，嘀嗒声显得更加清晰。小孩循着声音，终于在漆黑的谷仓中找到了那只

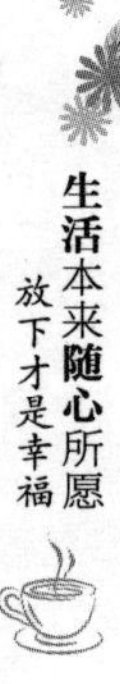

名贵手表。

没有了白日的喧闹与嘈杂，人的心才能够真正地沉寂下来，聆听到不一样的声音。正是在这寂静中，小男孩才能循着微弱的声音，寻找到了漆黑中的那只名表。

“人闲桂花落，夜静春山空。月出惊山鸟，时鸣春涧中。”唐代诗人王维在《鸟鸣涧》一诗中开篇就以桂花的自开自落来营造夜晚的安谧宁静。万籁俱静的夜晚，整座山林寂寥无声，只有桂花在自开自落。直到皎洁的月光乍现，至乌云的背后露出洁白的脸来，却似乎惊动了栖息树上的鸟儿，一声迭过一声地鸣叫着飞过山涧，回荡在春天的静谧山谷中……若无一颗清明澄净的心，怎能体会到这般宁静的美？

行色匆匆的人们，丢失了一颗清明澄净的心，自然是欣赏不到它的清幽静雅的。

古人说：“如何三万六千日，不放心身静片时？”我们如能保持心灵平静，便能以慈悲、开放的心面对生活的挑战，并以从容、宽广的态度，看待所生存的世界。

滚滚红尘中，静谧之心难求。身陷欲望泥潭的人们，咀嚼着生活的紧张与焦灼，却难以摆脱这痛苦的泥潭，反而越挣扎越身陷其中。此时，持一颗静谧之心，品悟生活的宁静，得以窥见灵魂深处的欲求，快乐遂成永恒。

务实铺就成功之路

成功的道路是靠一步一个脚印走出来的，从来没有一蹴而就的成功。

生活中，有的人刚步入职场，就梦想明天当上总经理；刚创业，就期待自己能像比尔·盖茨一样成为巨富。要他们从基层做起，他们会觉得丢面子，甚至认为这简直是大材小用。尽管他们有远大的理想，但缺乏专业的知识和丰富的经验，浮躁的心态一览无余。

实现梦想、成就事业必须要有务实的作风，带着浮躁的情绪做事，只会一塌糊涂，人生也会受到影响，因此，每个人要想实现自己的梦想，就必须调整好自己的心态，从一点一滴的小事做起，摒弃浮躁心态，在工作中，不断地提高自己的能力，为自己日后的发展积累雄厚的实力。

有一位老教授在谈到他的经历时说：

在我多年来的教学实践中，发现有许多在校时资质平凡的学生，他们的成绩大多在中等或中等偏下，没有特殊的天分，有的只是安分务实的性格。这些孩子走上社会参加工作，不爱出风头，默默地奉献。他们平凡无奇，毕业分手后，老师同学都不太记得他们的名字和长相。但毕业几年、十几年后，他们却带着成功的事业回来看老师，而那些原本看起来会有美好前程的孩子，却一事无成。这是怎么回事?

我常与同事一起琢磨，认为成功与在校成绩并没有什么必然的联系，但与务实的性格密切相关。平凡的人比较务实，比较能自律，情绪上也不浮躁，所以有许多机会落在这种人身上，成功之门自然会向他大方地敞开。

一个务实的人，不浮躁，不设定高不可攀、不切实际的目标，也不会凭借侥幸去瞎碰，而是认认真真地走好每一步，踏踏实实地用好每一分钟，在平凡中孕育和成就梦想。

只有务实才是成就事业的前提，现在很多优秀企业都以务实作为评估人才的一项重要标准。英特尔中国软件实验室总经理王文汉先生说，在英特尔公司里，考虑员工晋升时，从来不把学历当做一个重要因素。学历最多只是起到敲门砖的作用，在进入企业之后，员工个人的发展就完全取决于自己的努力。有的硕士生可能不够务实，那么他的工资待遇就会降下来，而一些本科生经过自己的努力，取得了优异的成绩，那么他就会更快地得到晋升。

王文汉先生还举了下面这个凭借务实努力拼搏，在英特尔实现成功的例子：

英特尔中国软件实验室里有一位软件工程师，甚至连大学学历都没有，当初这位工程师就是凭借自己设计的一些软件程序进入英特尔的。最初，他只是被作为一名普通的程序员录用的，但是王文汉不久后就发现，这位程序员并不普通，他不仅可以高效率、高质量地完成相关的程序设计工作，而且主动学习高科技软件的研发知识，甚至他还利用休息时间参加了英特尔内部及各大院校举办的软件开发课堂。一年后，当英特尔中国软件实验室需要引进高水平的软件工程师时，这位程序员因为业绩突出、技术水平先进而成为选拔对象，而很多比他先进入公司的、拥有更高学历的程序员依然在程序员的位置上继续消耗自己的青春。

成功所需要的一切因素都需要靠务实努力来获取：大量有用的知识要靠扎扎实实地学习来获得，克服困难的力量要靠一点一滴的艰苦努力来积淀，同事的协作和上司的支持要靠诚信的品质和实实在在的能力来赢取，转瞬即逝的机遇要靠脚踏实地的艰苦付出来把握。

人生要少一份浮躁，多一份务实。成功的道路是靠一步一个脚印走出来的，从来没有一蹴而就的成功。如果没有求真务实的奋斗，没有踏踏实实的努力，即使拥有再多的知识、获得他人再多的帮助、遇到再多的好机会，都不会实现最终的成功。

第十四章 不完满成就另一种完美

人生当有不足
留一点缺口才接近完美
苛求生活，徒增烦恼
与其挑剔不如充实自己
追求美，但不追求完美
接受不可避免的瑕疵
穿越不完满，收获意外的美丽惊喜

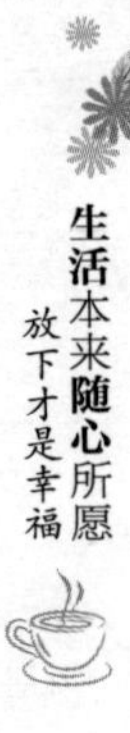

人生当有不足

其实人生当有不足才是一种“圆满”，因为不完美才让人们有盼头、有希望。

世人皆期望有一个美丽而完美的人生，然而事与愿违，你愈苛求完美，愈得不偿失。

一个灵魂对老天爷说：“您派给我一个最好的形象，我将永远崇拜您。”

老天爷仁慈地回答：“好，你准备做人吧！这是世界上最好的形象。”

灵魂问，“做人有风险吗？”

“有，钩心斗角、残杀、诽谤、夭折、瘟疫……”

“另换一个吧！”

“那就做马吧！”

“做马有风险吗？”

“有，受鞭笞、被宰杀……”

“唉，请再换一个吧！”

“老虎？”

“老虎！”灵魂乐了。“老虎是兽中之王，它一定没风险。”

“不，老虎也有风险，有时被人猎杀，有一种小兽是它的克星……”

“啊，老天爷，我不想当动物了，植物总可以吧！”

“植物也有风险，树要遭砍伐，有毒的草被制成药物，无毒的草人兽食之……”

“啊……恕我斗胆，看来只有您老天爷没风险了，让我留在你身边吧……”

老天爷哼了一声：“我也有风险，人世间难免有冤情，我也难免被人责问，时时不安……”说着，老天爷顺手扯过一张鼠皮，包裹了这个灵魂，推下界来：“去吧，你做它正合适。”

其实人生当有不足才是一种“圆满”，因为不完美才让人们有盼头、有希望。古人常说的人生不如意事十之八九，聪明的人常想一二就是这个道理。

莎士比亚说：“聪明的人永远不会坐在那里为他们的损失而悲伤，却会很高兴地去找出办法来弥补他们的创伤。”如果你做了还感到不好，改了还感到不快，考了99分还嫌不是100分，刻意追求完美，这样定会觉得累，这种情况必须要改善。

所以，不必苛求完美，任何事物都有缺陷与不足，也有长处与优势。要学会利用自己的长处，弥补甚至超越不足。托马斯·杰斐逊就是懂得这个道理的人。

著名的音乐家托马斯·杰斐逊其貌不扬，他在向他的妻子玛莎求婚时，还有两位情敌也在追求玛莎。一个星期天，杰斐逊的两个情敌在玛莎的家门口碰上了，于是，他们准备联合起来，羞辱杰斐逊。可是，这时门里传来优美的小提琴声，还有一个甜美的声音在伴唱。如水的乐曲在房屋周遭流淌着，两个情敌此时竟然没有勇气去推玛莎家的门，他们心照不宣地走了，再也没有回来过。

杰斐逊并不完美，也不出众，但是他有了音乐才华，这一点足以让他战胜情敌。生活中，对自己的缺陷和弱点，不同的人会采取不同的办法，杰斐逊是小提琴，我们呢？其实我们都有自己的优点。

人不总是十全十美的。对于每个人来讲，不完美是客观存在的，无须怨天尤人，在羡慕别人的同时，不妨想想，怎样才能走出误区，或用善良美化，或用知识充实，或用一技之长发展自己……生命的可贵之处，在于看到自己的不足之处之后，能坦然面对。

世界并不完美，人生当有不足。有些遗憾，反倒可以使人清醒，催人奋进。有句话说道：“没有皱纹的祖母最可怕。”那么，没有缺憾的生命是不存在的。

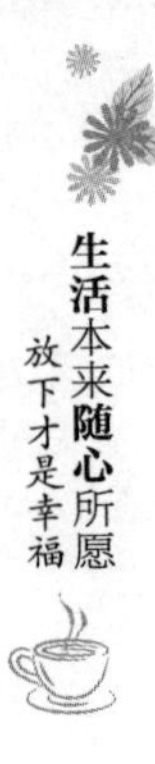

留一点缺口才接近完美

人生就像是一个残缺不全的圆，没有一个人是生活圆满的，也许正是因为认识到了每个生命都有欠缺，所以我们的人生才因此而更加美丽。

人人都热爱光明，但绝对的光明是不存在的。如果真出现了绝对的光明，那也就无所谓光明与黑暗了，人们将如同在绝对的黑暗中一样。因此，万事都有缺陷，没有一个是圆满的。人世间做人做事之难，也在于任何事都很少有真正的圆满。但正是有这种不完满的存在，我们才有了丰富多彩的人生。

人生的剧本不可能完美，但是可以完整。当你感到了缺憾，你就体验到了人生五味，你便拥有了完整人生——从缺憾中领略人生的丰富多彩。

人生在世，起初谁都希望圆满：读书能上自己理想的学校，念自己喜欢的专业，做自己擅长的工作，娶（嫁）自己中意的人……然而，我们绝大多数人经历的也许是这样的生活：上了一个还不错的学校，学了一个不算讨厌的专业，干了一份糊口的工作，和一位还说得过去的人相伴一生。与原来的设定难免会有巨大的悬殊，无论是王侯将相还是贩夫走卒，所有人的人生都会有遗憾，都不会圆满。

世上难有真正的圆满，不妨换个角度来看一时的缺陷与失落。台湾作家刘墉先生讲过这样一则故事：

他有一个朋友，单身半辈子，快五十岁了，突然结了婚，新娘跟他的年龄差不多，徐娘半老，风韵犹存。只是知道的朋友都窃窃私语：“那女人以前是个演员，嫁了两任丈夫都离了婚，现在不红了，由他拾了个剩货。”话不知道是不是传到了他朋友耳里！

有一天，朋友跟刘墉出去，一边开车，一边笑道：“我这个人，年轻的时候就盼着开奔驰车，没钱买不起，现在呀！还是买不起，买辆二手车。”他开的确实是辆老车，刘墉左右看着说：“二手？看来很好哇！马力也足。”

“是啊！”朋友大笑了起来，“旧车有什么不好？就好像我太太，前面嫁了个四川人，又嫁了个上海人，还在演艺圈二十多年，大大小小的场面见多了，现在，老了，收了心，没了以前的娇气、浮华气，却做得一手四川菜、上海菜，又懂得布置家。讲句实在话，她真正最完美的时候，反而都被我遇上了。”

“你说得真有理，”刘墉说，“别人不说，我真看不出来，她竟然是当年的那位艳星。”“是啊！”他拍着方向盘。“其实想想自己，我又完美吗？我还不是千疮百孔，有过许多往事、许多荒唐？正因为我们都走过了这些，所以两个人都成熟，都知道让，都知道忍，这种‘不完美’正是一种‘完美’啊！”

“不完美”正是一种“完美”。我们老了，都锈了，都千疮百孔，总隔一阵子就去看医生，来修补我们残破的身躯，我们又何必要求自己拥有的人、事、物都完美无瑕、没有缺点呢？

我们每一个人的生命，都被上苍划了一个缺口，虽然都不想要这个缺口，但是这个缺口却如影随形地跟着自己。人生就像是一个残缺不全的圆，没有一个人是生活圆满的，也许正是因为认识到了每个生命都有欠缺，所以我们的人生才因此而更加美丽。

人生有缺憾，我们才有追求完美的理想和热情，也只有接受人生的缺憾，我们才能真正理解和追求完美人生。

人生不可能是十全十美的，不完满才是人生的常态。正如西方谚语所说：“你要永远快乐，只有向痛苦里去找。”你要想完美，也只有向缺憾中去寻找，所以得失荣辱我们大可不必放在心上，有了痛苦我们才会珍惜快乐的时光，有了不算完满的人生才称得上完美。

人生原来就是不圆满的，能够认识到这一点，我们便不会去苛求我们的人生，也不会去苛求他人。

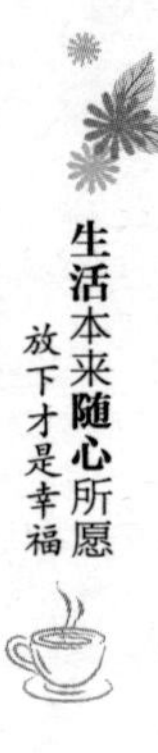

苛求生活，徒增烦恼

人生确实有许多不完美之处，每个人都会有这样那样的缺憾，真正完美的人是不存在的，即使是中国古代的四大美女，也有各自的不足之处。

很多人都希望按照自己的想法来设计人生，他们总是渴望一种完美的生活状态。可是人生并没有完美可言，那些童话里的理想世界是不可能在现实生活中出现的。如果我们不能接纳生活中的不完美，而一味地苛求生活，那么到头来只是自寻烦恼。

在印度佛教的《百喻经》中，有这样一则可笑而发人深省的故事。

有一位先生娶了一个体态婀娜、面貌娟秀的太太，两人恩恩爱爱，是人人称美的神仙美眷。这个太太眉清目秀，性情温和，美中不足的是长了个酒糟鼻子，好像失职的艺术家，对于一件原本足以称傲于世间的艺术精品，少雕刻了几刀，显得非常的突兀怪异。

这位丈夫对于太太的鼻子终日耿耿于怀。一日出外去经商，行经贩卖奴隶的市场，宽阔的广场上，四周人声沸腾，争相吆喝出价，抢购奴隶。广场中央站了一个身材单薄、瘦小清癯的女孩子，正以一双汪汪的泪眼，怯生生地环顾着这群决定她一生命运的大男人。

这位丈夫仔细端详女孩子的容貌，突然间，他被深深地吸引住了。好极了！这个女孩子的脸上长着一个端端正正的鼻子，不计一切买下她！

这位丈夫以高价买下了长着端正鼻子的女孩子，兴高采烈，带着女孩子日夜兼程赶回家，想给心爱的妻子一个惊喜。到了家中，把女孩子安顿好之后，他用刀子割下女孩子漂亮的鼻子，拿着血淋淋而温热的鼻子，大声疾呼："太太！快出来！看我给你买回来最宝贵的礼物！""什么样贵重的礼物，让你如此大呼小叫的？"太太狐疑不解地应声走出来。

“你看！我为你买了个端正美丽的鼻子，你戴上看看。”

丈夫说完，突然抽出怀中锋锐的利刃，一刀朝太太的酒糟鼻子砍去。霎时太太的鼻梁血流如注，酒糟鼻子掉落在地上，丈夫赶忙用双手把端正的鼻子嵌贴在伤口处。但是无论丈夫如何努力，那个漂亮的鼻子始终无法粘在妻子的鼻梁上。

可怜的妻子，既得不到丈夫苦心买回来的端正而美丽的鼻子，又失掉了自己那虽然丑陋但是货真价实的酒糟鼻子，并且还受到无端的刀刃创痛。而那位糊涂丈夫的愚昧无知，更叫人可怜！

这个行为虽然让人觉得有些可笑，但是人们追求完美的心理，却与文中那个手拿利刃的丈夫如出一辙。有些人以为自己追求完美的心理是积极向上的表现，其实是最可怜的人，因为他们所追求的完美，是根本不存在的。也就是说他们所追求的如海市蜃楼，只是一个幻影而已。

俗话说：“金无足赤，人无完人。”人生确实有许多不完美之处，每个人都会有这样那样的缺憾，真正完美的人是不存在的，即使是中国古代的四大美女，也有各自的不足之处。历史记载，西施的脚大，王昭君双肩瘦削，貂蝉的耳垂太小，杨贵妃还患有狐臭。道理虽然浅显，可当我们真正面对自己的缺陷、生活中不尽如人意之处时，却又总感到懊恼、烦躁，不知应该如何应对。其实，只要我们不苛求生活，我们自然就会减少很多的烦恼和忧伤，那些不完美也不会让我们感到失望。

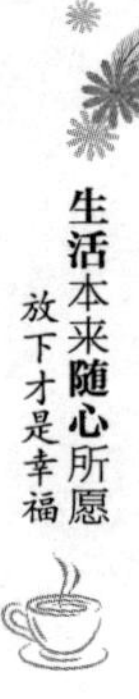

与其挑剔不如充实自己

沙子与珍珠的最大区别就是沙子落下便无法再被拾起，而珍珠无论在哪里都是明亮耀眼的，沙子与珍珠，要做哪一个，全在于你自己。

《尚书·伊训》中有“与人不求备，检身若不及”的话，是说我们与人相处的时候，不求全责备，检查约束自己的时候，也许还不如别人。要求别人怎么去做的时候，应该先问一下自己能否做到。推己及人，严于律己，宽以待人，才能团结大家，共同做好工作。一味地苛求挑剔别人，反而做不好事情。

他是一位咖啡爱好者，立志将来要开一家咖啡馆。闲暇时间，他到处喝咖啡。除了品尝不同的咖啡之外，也看看咖啡馆的装潢。有一次，他约一位朋友喝咖啡。带着朝圣的心情，朋友跟他去了一趟咖啡馆。很不巧，他对那家咖啡馆似乎没有什么好感。朋友问他：“怎么样，这家店的咖啡口味还不错吧？”他淡淡地说：“没什么！”朋友继续问：“店面的装潢呢？”他还是回答：“没什么！”以后的日子里，朋友陆陆续续跟他到过不同的咖啡馆，品尝不同口味的咖啡，“没什么！”仿佛是他的口头禅，对所有去过的咖啡馆，他的评价都是“没什么”，而且带着有点儿不屑的语气。朋友心想：大概是他的品位太高了，这些咖啡馆提供的饮料及气氛果真都不如他的心意。

另外，有一位对西点蛋糕有兴趣的女孩。从前，她也常说：“没什么！”她不但爱吃西点蛋糕，还利用空闲时间拜师学艺，到专业的老师那儿上课，学做西点蛋糕。刚开始学习的那段日子，她还是不改本性，不论到哪里，吃到什么西点蛋糕，都会给对方“五星级”的评价：“没什么！”标准之严苛，让大家觉得她挑剔得过火。过了半年，当她从“西点蛋糕初学班”结业之后，态度有了180度大转变，无论在哪里，品尝过谁做的西点蛋糕，她都很认真地研究里面的配方，用什么材料、多少比例、烘焙的步骤。如果做西点蛋糕的师傅在场，她还会很好奇地向对方讨教、研究成功的关键技巧。朋友笑着对她说："你变了。从前是说：'没什么！'现在是问：'有什么？'""没错，没错，其实每一件事情一定都'有什么'，差别只在于你有没有观察到它'有什么'而已。"

挑剔是人们的普遍心理，人们总感到这也不好，那也不如意，却又没有比别人更好的办法来改进。如果放下对别人严苛的审视目光，改为通过各种途径来充实自己，做一个从"没什么"到"有什么"的转变，你会从别人身上发现更多值得称道的东西。

沙子与珍珠的最大区别就是沙子落下便无法再被拾起，而珍珠无论在哪里都是明亮耀眼的，沙子与珍珠，要做哪一个，全在于你自己。

有一个自以为是的年轻人毕业以后一直找不到理想的工作，他觉得自己怀才不遇，对社会感到非常失望。痛苦绝望之下，他来到大海边，打算就此结束自己的生命。这时，正好有一个老人从这里走过。老人问他为什么要走绝路，他说自己不能得到社会的承认，没有人欣赏并且重用他。老人从脚下的沙滩上捡起一粒沙子，让年轻人看了看，然后就随便地扔在地上，对年轻人说："请你把我刚才扔在地上的那粒沙子捡起来。""这根本不可能！"年轻人说。老人没有说话，接着又从自己的口袋里掏出一颗晶莹剔透的珍珠，也是随便扔在了地上，然后对年轻人说："你能不能把这个珍珠捡起来呢？""当然可以！"听到年轻人的回答，老人点点头，转身走了。因为他相信这个年轻人虽然拾不起那粒沙子，但会收起自杀的念头。

在困难面前，人们很少检讨自己的行为，而是总在抱怨"千里马常有，而伯乐不常有"，认为自己是英雄而无用武之地，却很少问一问自己是一粒沙子还是一颗珍珠。沙子总会被淹没，而珍珠无论在哪里都会光彩耀人。若要使自己卓然出众，何不努力使自己成为一颗珍珠呢？

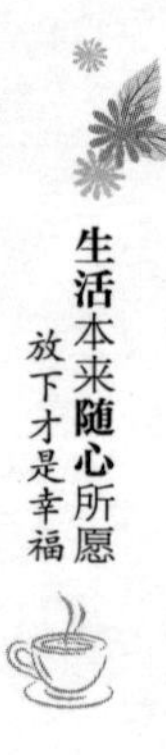

追求美，但不追求完美

完美是一座心中的宝塔，我们可以在心中向往它、塑造它、赞美它，但不可把它当做一种现实存在，因为这样只会使我们陷入无法自拔的矛盾之中。

关于完美，俄国的车尔尼雪夫斯基认为：既然太阳上也有黑点，人世间的事情就更不可能没有缺陷。

几乎每一个人在心中都有一种追求完美的冲动，当一个人对于现实世界的残缺体会越深时，他对完美的追求就会越强烈，这种强烈的追求会使人充满理想，但这种理想一旦破灭，也会使人陷入绝望。

在远方的城市里，来了一位老人。

这老人一看便知是来自异地的旅人，他背着一个破旧不堪的包袱，脸上布满了风霜，他的鞋子因为长期的行走，破了好几个洞。

老人的外表虽然狼狈，却有着一双炯炯有神的眼睛，不论是行走或躺卧，他总是仔细而专注地观察着来来往往的人。

老人的外貌与双眼组合成了一个极不统一的画面，吸引了所有人的目光，人们窃窃私语：这不是普通的旅人，他一定是一个特殊的寻找者。

但是，老人到底在寻找什么呢？

一些好奇的年轻人忍不住问他："您究竟在寻找什么呢？"

老人说："我像你们这个年纪的时候，就发誓要寻找到一个完美的女人，娶她为妻。于是我从自己的家乡开始寻找，一个城市又一个城市，一个村落又一个村落，但一直到现在都没有找到一个完美的女人。"

"您找了多长时间呢？"一个年轻人问道。

"找了六十多年了。"老人说。

"难道六十多年来您都没有找到过完美的女人吗？会不会这个世界上根本

就没有完美的女人呢？那您不是找到死也找不到吗？”

“有的！这个世界上真的有完美的女人，我在三十年前曾经找到过。”老人斩钉截铁地说。“那么，您为什么不娶她为妻呢？”

“在三十年前的一个清晨，我真的遇到了一个最完美的女人，她的身上散发出非凡的光彩，就好像仙女下凡一般，她温柔而善解人意，她细腻而体贴，她善良而纯净，她天真而庄严，她……”

老人一边说，一边陷进深深的回忆里。

年轻人更着急了：“那么，您为何不娶她为妻呢？”

老人忧伤地流下眼泪：“我立刻就向她求婚了，但是她不肯嫁给我。”

“为什么？为什么？”

“因为，因为她也在寻找这个世界上最完美的男人！”

老人穷极一生去追求他的完美伴侣，结果却以失败告终，真是可悲可叹。

在这个世界里，完美是一件美好的事物，有了它，那些知道自己有缺点的人会感到惭愧，也会更加努力，改掉自己的缺点。

在这个世界里，完美是一件可怕的事物，如果我们每做一件事都要求务必完美无缺，便会因心理负担的增加而不快乐，要知道，人生的各种不幸皆由追求完美而导致。

完美是一座心中的宝塔，我们可以在心中向往它、塑造它、赞美它，但切不可把它当做一种现实存在，因为这样只会使我们陷入无法自拔的矛盾之中。

完美只是驱使我们更加努力前行的动力，但绝不是我们的终点。

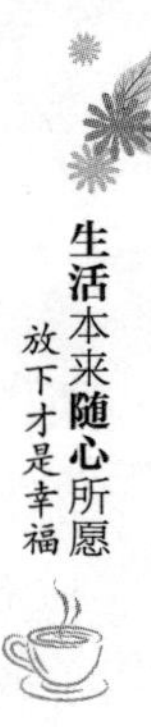

接受不可避免的瑕疵

生活总是不能圆满的，它总会给人生留下很多空隙，这其中最大的空隙就是理想与现实的距离。

完美，是很美好的一种境界。但是，人在追求一样事物时，必定会失去另一样东西。追求完美的结果，就是自己制造了一个思想枷锁将自己束缚，给自己层层设卡。

不容回避的是，很多人都生活在自卑和无助当中，这种自卑让他们没办法体会到生活的幸福。他们最常说的是“我身材难看”，“我能力太差”，“我总是做错事”……其实，换个角度欣赏自己，我们就会看到每个人的生命里都是充满阳光的，只是有时候，偏离轨道的乌云遮住了心中的灿烂。

60年前，加拿大一位叫让·克雷蒂安的少年，说话口吃，曾因疾病导致左脸局部麻痹，嘴角畸形，讲话时嘴巴总是向一边歪，而且还有一只耳朵失聪。听一位医学专家说，嘴里含着小石子讲话可以矫正口吃，克雷蒂安就整日在嘴里含着一块小石子练习讲话，以致嘴巴和舌头都被石子磨烂了。母亲看后心疼地直流眼泪，她抱着儿子说：“孩子，不要练了，妈妈会一辈子陪着你。”克雷蒂安一边替妈妈擦着眼泪，一边坚强地说：“妈妈，听说每一只漂亮的蝴蝶，都是自己冲破束缚它的茧之后才变成的。我一定要讲好话，做一只漂亮的蝴蝶。”

功夫不负有心人。终于，克雷蒂安能够流利地讲话了。他勤奋且善良，中学毕业时不仅取得了优异的成绩，而且还获得了极好的人缘。

1993年10月，克雷蒂安参加全国总理大选时，他的对手大力攻击、嘲笑他的脸部缺陷。对手曾极不道德地说：“你们要这样的人来当你的总理吗？”然而，对手的这种恶意攻击却招致大部分选民的愤怒和谴责。当人们知道克雷蒂安的成长经历后，都给予他极大的同情和尊敬。在竞争演说中，克雷蒂安诚恳地对选民说：“我要带领国家和人民成为一只美丽的蝴蝶。”结果，他以极大的优势当选为加拿大总理，并在1997年成功地获得连任，被国人亲切地称为“蝴蝶总理”。

生活总是不能圆满的，它总会给人生留下很多空隙，这其中最大的空隙就是理想与现实的距离。也许我们想成为太阳，可却只是一颗星辰；也许我们想成为大树，可却只是一株小草；也许我们想成为大河，可却只是一泓山溪……在这样的情况下，人就容易变得自卑，甚至觉得命运在捉弄自己。其实，我们大可不必这样：欣赏别人的时候，一切都好；审视自己的时候，却总是很糟。做不了太阳，就做星辰，让自己的星座，发热发光；做不了大树，就做小草，以自己的绿色装点希望；做不了伟人，就做实在的小人物。平凡并不可卑，在变成天鹅之前，我们每个人都是一只丑小鸭。

学会放弃完美，因为我们的确不是完美无缺的。这是一个令人宽慰的事实，越是及早地接受这一事实，就越能及早地向新的目标迈进，这是人生的真谛。

不要再埋怨生活中的一些残缺，比如，我们可能觉得自己长得不够漂亮，脑子不够聪明，或者没有钱过好日子，没有一份好工作等。十全十美的生活是没有的，我们应该想想我们所拥有的，那些没有的，或许我们还可以努力去创造，这就是生活的乐趣与动力啊。如果我们什么都有了，那活着还有什么可奋斗的？还有什么可追求的？这样没有理想与目标的生活该是多么的空虚无聊啊！我们应该庆幸我们的生活还有残缺，还有我们可以去追求的东西。

身处现今这个理性的时代，完美虽然达不到，但我们可以“没有最好，只有更好”。我们应积极向上，放弃完美，努力求实，接受不可避免的瑕疵。

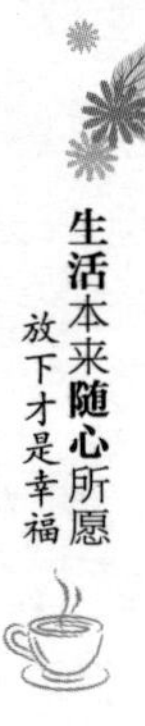

穿越不完满，收获意外的美丽惊喜

我走过阳关大道，也走过独木小桥。路旁有深山大泽，也有平坡宜人；有杏花春雨，也有塞北秋风；有山重水复，也有柳暗花明；有迷途知返，也有绝处逢生。

真正幸福的人生，难以圆满。喜欢月圆的明亮，就要接受它有黑暗与不圆满的时候；喜欢水果的甜美，也要容许它通过苦涩成长的过程。在喜乐参半的人生中，包容不完美，才是真正的幸福。

“岂无平生志，拘牵不自由。一朝归渭上，泛如不系舟。”白居易曾在《适意》中这样表达过自己对自由生命的向往之情。自古以来，失意的文人墨客常常寄情于山水之间，希望能在清逸洒脱中陶冶性情，驱除烦恼。

很多人都执着于追求完美的人生，凡事要求完美固然很好，以示精益求精，更上层楼，但星云大师却不断地给世人以警醒：有的人因为小小的缺陷而全盘否定人生的意义，有的人因为小小的遗憾而将手中的幸福全部放弃，这样追求完美，有时反而因噎废食，流于吹毛求疵，不管于自己还是于他人，都是一种不必要的辛苦。

面对人生缺憾，星云大师主张该留有余地，他认为尽善尽美并不是绝对好，这与清人李密庵主张所谓“半”的人生哲学一样，都在告诫世人不要过度追求圆满。日本有一派禅宗书道在挥毫泼墨时总留下几处败笔，都是意在暗示人生没有百分之百的圆满完美。更有日本东照宫的设计者因为自觉太完美，恐怕会遭天谴，故意把其中一支梁柱的雕花颠倒。

佛学人士把这个世界叫做“婆娑世界”，翻译过来便是能容忍许多缺陷的世界。这个世界本来就是有缺憾的，如果没有缺憾就不能称其为“人世间”。在这个缺憾的世间，便有了缺憾的人生。因此苏轼感叹道：“月有阴晴圆缺，人有悲欢离合，此事古难全。”这是人生的真实写照。

人生就如一只飘摇的生命之舟，无所牵系，却有各种承载。小船向前行进的时候，苦与乐、爱与恨、善与恶、得与失、成功与失败、聪明与愚钝……纷纷从两侧上船，它们都是生命的必然伴侣。

如此看来，生命是有缺陷的，我们不能只接受幸福的垂青，却把不和谐的因素完全屏蔽。

“我走过阳关大道，也走过独木小桥。路旁有深山大泽，也有平坡宜人；有杏花春雨，也有塞北秋风；有山重水复，也有柳暗花明；有迷途知返，也有绝处逢生。”这是已逝的国学大师季羡林对自己人生的总结，他坦承自己的人生并不完美，但正是这种不圆满才是真正的人生。

这个世界上没有任何一种事物是十全十美的，或多或少总有瑕疵，我们只能尽最大的努力使之更加美好。一个智者应该明白这个道理：凡事不必苛求，与其追求那如镜花水月一般不可触及的完美，不如勤恳务实，才会活得更加快乐。

人生也正是因为有所缺失才会有所获得，就如同一个残缺的木桶，虽然每次担水回家之后你都无法获得一整桶的水，但是某一天，当你再次从这条路上经过时，也许会发现路旁各色的小花，嗅到淡淡的花香。一天、一月、一年，从残缺的木桶中滴落的泉水浇灌了路旁的种子，它们便在这残缺的遗憾中破土而出，带给人意外的美丽惊喜。

第十五章 放慢节奏，身心和谐

人生需要慢活

掌握“慢”的艺术

牵着蜗牛去散步

慢下来，细心品味生活

放慢脚步，远离亚健康

心中从容，动之徐生

幸福生活，从“心”开始

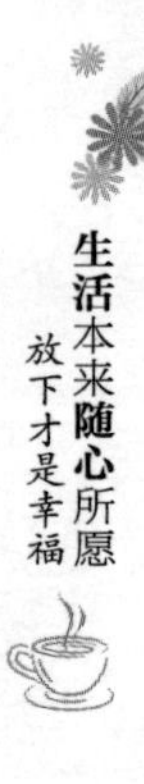

人生需要慢活

人生就像登山，不是为了登山而登山，而应着重于攀登中的观赏、感受与互动，如果忽略了沿途风光，也就体会不到其中的乐趣。

《老子》书中向人们展示了一个著名的小国寡民的世界：“使有什伯之器而不用；使民重死而不远徙。虽有舟舆，无所乘之；虽有甲兵，无所陈之。使民复结绳而用之。甘其食，美其服，安其居，乐其俗，邻国相望，鸡犬之声相闻，民至老死不相往来。”

在今天，老子所描绘的这幅简单朴素的民俗画卷，我们是再也无法去体会了。现代人的生活，行有高速公路，食有快餐鸡腿，说有疯狂英语，看有流星飞雨，聊的是中西合璧的语言，用的是畅通无阻的电子邮件。

然而，我们只顾在这繁忙的世界里匆匆赶路，却忘记了生活的真正意义。

一个商人在卖一种止渴丸。

“您好。”小王子上前说。“您好。”商人说。“一个星期吃一颗止渴丸，那么你一个星期内就不用喝水了。”

“为什么你要卖这种药？”小王子问。“它可以帮助人们节省很多时间，”商人说，“专家已经计算过了，一个星期吃一颗药丸，他们可以省出53分钟来。”

“那么53分钟用来做些什么呢？”“随便他们做什么……”

“如果我有53分钟的空闲，”小王子说，“我就会悠闲地逛到清冽的泉边。”

小王子单纯而宝贵的心，在现代社会已经是千金难求了。我们拼命地提速自己的生活与工作，当我们生命多出53分钟的时候，可能许多人仍然选择的是不知所以的忙碌。可是我们是否想过，停下来思考一下我们的人生的终极价值所在呢？

人生就像登山，不是为了登山而登山，而应着重于攀登中的观赏、感受与互动，如果忽略了沿途风光，也就体会不到其中的乐趣。人们最美的理想、最大的愿望便是过上幸福生活，而幸福生活是一个过程，不是忙碌一生后才能到达的一个顶点。

古往今来，在时间的利用上人类表现得异常谦逊，并经常陷入深深的自责：永远检讨自己的不够努力，以致光阴虚度。整整12个月、365个日日夜夜，都干了些什么？总觉得应该做更多的事，走更长的路，赚到更多的钱，但可惜都没有做到。

是谁让时间严重缩水，让我们觉得生命苦短、脚步匆匆呢？谁是岁月神偷，将流年偷转呢？其实，年月日、时分秒和以往一样长短，并无什么黑客能偷藏劫掠。只不过我们坐上国际现代化的“过山车”，便身不由己地高速冲撞，前俯后仰，过瘾地放肆尖叫。是的，现代人无法抵御速度的诱惑。

过去几日甚至数月才能了结的工作，现在只需轻敲键盘，用手机拨个电话，开车跑一趟即可完成。但脚步迅捷，心情并不轻松。我们只顾匆匆赶路，而忘记了生活的真正意义，在高速中失去了享受的权利。

在繁忙的生活中，我们忘了停下脚步来考虑这个根本的问题，我们中的很多人都在忙着用生命去赚钱，却很少有人去规划一下自己的人生之路。如果你也是这样，也许就会像下面这个故事中的狐狸一样——忙来忙去，到头来还是一场空。

有一只狐狸想溜进一个葡萄园里大吃一顿，但是栅栏的空隙太小，它钻不进去。在狠狠地节食了三天后，它总算能钻进去了。但是当它大吃一顿以后，却又出不来了，只好在里面又饿了三天，才出得来。这只狐狸感慨地说：“忙来忙去，到头来还是一场空。”

当你一个人静下来的时候，你有没有问过自己：“每天忙来忙去，我到底在忙什么？我真正追求的是什么？”研究发现，约有93%的人不清楚自己的价值观是什么，他们不知道自己忙来忙去究竟在干什么，如同水面上的浮萍一样，糊里糊涂地过了一生。他们的生活可以用三个字来概括——“忙、盲、茫”。

有这样一幅画，画面上是繁忙的街道，高速的车流，每个人脸上都露出忙碌的表情。在这一繁忙景象中，有一个人弯着腰，样子很失望。这个孤独的人下面写有一行字：“寻找昨天。”许多人都像这个弯腰的人一样把精力耗费了，老是想着过去犯过的错误和失去的机会，唏嘘不已，又或者有的人总是空想未来。其实，这两种心境才是对时间的浪费。忙忙碌碌地过一生，却忘了真正去活，这是人生最大的悲哀。

生活不是高速路上的飞奔疾驰，而是静心体会她简单无华的美。当世界静下来的时候，我们应该放慢脚步，聆听生活轻巧的足音，享受慢活的人生。

掌握“慢”的艺术

日光之下，快跑的未必能赢，力战的未必得胜，智慧的未必得粮食，明哲的未必得资财，灵巧的未必得喜悦。

我们的先人很早就留给我们一句话叫做：“欲速则不达。”这句话粗看起来似乎强词夺理，然而经历过的人才会明白这里面的人生智慧。好多人紧赶慢赶，抓紧一切时间搭在前途上，恨不能一天24小时马不停蹄地工作，严肃认真到让旁人不舒服的程度。然而他们取得的成果却常常事与愿违。如果一个人不懂得休息，那么他怎么能工作高效呢？一味地要求速度，超过人体生理和心理承受限度，也是不理智的行为。在追求快的过程中往往会产生更巨大的问题，最终得不偿失。

在哈佛商学院的案例教学课上，教授提出了三个公司的管理状况，然后让学员评估这三个公司的前途。

甲公司：8点钟上班，迟到或者早退一分钟扣20元；统一制服，必须要佩戴胸卡；每年有组织地搞1次旅游、2次聚会、3次联欢、4次体育比赛，每个员工每年要提出4项合理化建议，而且要保证高质量，被领导采用。

乙公司：9点钟上班，但不记考勤，完全靠职员的自觉上班，每人一个办公室，可以根据个人的爱好布置，放花鸟鱼虫都可以；在走廊的白墙上信手涂鸦也不会有人制止，饮料和水果全开放式免费供应；上班的时候也可以去理发、运动、游泳。

丙公司：想什么时候来就什么时候来；没有专门的制服，不要求统一着装，爱穿什么就穿什么，想怎么打扮都可以，把家里的狗、猫等宠物带到公司也行，带着自己的孩子来上班也行；上班期间去度假也不扣工资。

大多数的学员认为甲公司的前景是最好的。这时候，教授公布了3家公司的真实身份：甲公司是金正，于1997年成立，由于管理不善已经倒闭；乙公司是微软；丙公司则是近年增长最快的Google。

在凡事讲究快速的现代社会，每个人的脚步都像时钟一样上紧了发条，分秒不停地向前奔赶。就拿家长教育孩子这个问题来举例，为了不让孩子输在起跑线上，很多家长把自己的小孩儿送到各种培训机构去学英语、数学、钢琴、绘画……

有人挑着一担梨进城，天快黑了，城门马上就要关了，他怕在关闭城门之前赶不上进城去，心里很着急，于是担着梨小跑起来，但是由于这担梨很重，所以跑的时候他总是一副要跌倒的样子，别人看见了都冲他喊道："慢点儿，慢点儿。"

恰巧有一个卫士走来，他就非常着急地问："你说我能赶得及进城吗？"那人瞧他慌慌忙忙的样子，答道："你要是慢慢地走，可能赶得及。"挑梨的人非常生气，以为卫士是故意同自己开玩笑，"难道慢慢地走可以进城，快走反倒进不了城吗？"他心里嘀咕着，更加快了脚步，向前直跑。不料一不小心，摔了一跤，满担的梨滚落了一地，好多还都磕坏了。他急忙把这些梨拾起来，一个一个往担子里面装，好一会儿才把梨拾完，可是这个时候，天已全

黑，城门关上了，他终于没有赶进城。

对于很多事情，我们真的需要掌握慢的艺术，否则，就像担梨进城的这个人，不仅没有赶得进城里，还将原本的好梨掉在地上磕坏了。

我们古人还有一句话叫做“慢工出细活”，这句话也包含着人生智慧。罗马不会是一天建起来的，假如人们用一天的时间建出了罗马这样的一个城市，那么这个用一天时间建出的城市将糟糕得惨不忍睹。

人生不能一味地求速成，所谓“饭未煮熟，不能妄自一开；蛋未孵成，不能妄自一啄”，人间万事万物都有其自有的平衡之道。《圣经》上说：“日光之下，快跑的未必能赢，力战的未必得胜，智慧的未必得粮食，明哲的未必得资财，灵巧的未必得喜悦。”的确，有些事情必须要“慢慢来”，必须要懂得运用“慢”的艺术。

牵着蜗牛去散步

万事在急于求成的人面前，都会调皮地捣乱，令我们措手不及。

世上许多人钻营忙碌了一辈子，究竟为谁辛苦为谁忙？到头来自己也是一头雾水。

有一个牧师在他的布道词里讲了一个“牵着蜗牛去散步”的故事：

上帝有一次交给我一个任务，叫我牵一只蜗牛去散步。可是蜗牛爬得实在太慢了。我又是催促、又是吓唬、又是责备，可蜗牛只是用抱歉的眼光看着我，仿佛在说：“我已经尽全力了！”

我又气又急，对蜗牛又拉又扯又踢，蜗牛受了伤，爬得更慢了。我真想丢下蜗牛不管，但想上帝让我这样做一定是有道理的。我只好耐着性子，让蜗牛慢慢爬，自己则以一种接近静止的速度跟在后面。

就在这时，我突然闻到了花香，原来这里是个花园。接着，我听见了鸟叫虫鸣，感到微风拂面的舒适。后来，我还看到了美丽的夕阳、灿烂的晚霞，以及满天的星斗。

我这才体会到上帝的用心："他不是叫我牵蜗牛去散步，而是叫蜗牛牵我去散步呀！"

生命的节奏就像河流的奔涌，有急有缓，既有"星垂平野阔，月涌大江流"的舒缓从容，又有"万里赴戎机，关山度若飞"的激烈紧迫。一张一弛，生活之道也。哪能一味地急迫，一味地悠然呢？一味地急迫，生命就显得狭窄；一味地悠然，生命就显得虚无。急缓相当，张弛有度，我们将像牧师一样，在偶然之际享受到绝美风景，获得出乎意料的惊喜。

人们常说，慢工出细活，笨鸟先自飞。万物都是平衡而有序的，当我们急切地想要某件事情成功时，也许我们恰恰背离了成功。许多事与物都需要时间的雕琢，才能变得更完美。一个人拿着画笔，终日画来画去，可是却从不曾用心体悟和感受所画之物的深邃，所以他永远也无法画出不朽的名作。

做事过于焦急，生活节奏极快，总会令我们失去喘息的机会，到最后甚至变得窒息。万事在急于求成的人面前，都会调皮地捣乱，令我们措手不及。当我们感到疲惫的时候，不如静下心来，放慢脚步，欣赏沿途风光的秀美：有春花的蓬勃灿烂，夏雨的专注猛烈，秋月的寂寥淡远，冬雪的晶莹无瑕；有小溪的吟唱，蟋蟀的弹奏，鸟儿的放歌……这样令灵魂为之震撼的美如果就此与我们擦肩而过、失之交臂，将是多么可惜的一件事情。

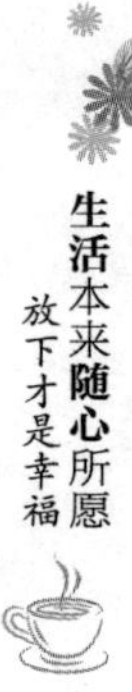

慢下来，细心品味生活

慢下来，细心欣赏一朵花的盛开，沉醉于一阵微风掠过，细品人生百味，咀嚼生活点滴，何其简约和透彻。

有这样一则寓言：

一只小兔子在路上拼命奔跑，青蛙问它："小兔子，你为啥跑得那么急？歇歇吧。""我不能停，我要看看这条道的尽头是个啥模样。"小兔子边跑边回答道。

小兔子从来没有停歇过，一心想跑到终点。直到有一天，它猛然撞到了路尽头的一棵大树桩。"原来路的尽头就是这棵树桩！"小兔子喟叹道。更令它懊丧的是，它发现此时的自己已经老迈："早知这样，好好享受那沿途的风景，该多美啊……"

这只小兔子拼命奔跑的结局就是撞在了一棵大树桩上，其实，大家仔细想一想，我们的工作与生活是不是正像小兔子奔跑一样呢？沉浸在快节奏生活中的我们为了赶时间，不得不在拥挤的餐桌旁狼吞虎咽；我们努力赚钱，然后排队购买星巴克口味从不变化的咖啡；我们追赶时间却早已迷失了回程的方向；我们买得起奢侈品，却没有时间停下来看身边的风景……我们每天都在跟时间赛跑，脑海里只有"快一点，再快一点"的念头。

当今，速度已经深入人心，"快"成了大家默认的办事境界，看机器上一件件飞一般传递着的产品，看"办公室一族"打电话时那种无人能及的语速……大家似乎都变成了在"快咒"控制下的小人儿，连腾出点空儿来松口气的时间好像都没有了。看得见的、看不见的规则约束着我们；有形的、无形的鞭子驱赶着我们，我们攀比地位、财富、装饰、收获、拥有，似乎自己慢一拍，就会被这个世界抛弃。

“当我们正在为生活疲于奔命的时候，生活已离我们而去。”英国歌手约翰·列侬的话无疑成了现代人快节奏生活的写照，烦恼、不安、苦痛伴随着快节奏接踵而至，我们的身体和灵魂处于亚健康状态，这时我们才发现自己已变成童话中用灵魂向魔鬼换金币的那个傻孩子。很多人也从这个时候开始意识到，确实需要放慢节奏、放松身心，慢慢享受生活了。

也许你会问，在竞争如此激烈的年代，哪有资本慢下来啊？其实不然，“慢生活”并非让你放弃自我、无所事事，它与物质的富有程度也没有多大关系，慢生活中的“慢”更多体现的是一种健康的心态、一种积极的生活态度。

体会慢节奏的生活是种享受。浪漫的都市之夜，仿佛白昼的延续，走在风月无边的大街上，华灯如锦，游人如织，逛逛那些精美的商店，看看那些街头艺人的夸张表演。走得累了，便和你的同伴，偎依着坐在街边的长椅上，观赏过往行人，也是一种温馨的享受。也许你已经感到疲乏，那就停下来，如果你觉得还不过瘾，或者在一地流连忘返，那就继续停留，不必急着离开，你的旅程完全由你自己来安排。

“慢”是生活和工作之间的一个美丽的平衡点；慢生活是一种有条不紊、有张有弛的生活节奏。在现代社会的快节奏生活中“慢”下来，以平和的心态面对生活中的各种压力和诱惑。生活好像一盏灯，把脚步放慢一些，灯就被点着了，点亮的灯会照亮生活中原本十分平凡的瞬间。而那些疲于奔波的人，永远只会被生活所累，看不见生活中最精彩动人的细节。慢下来，细心欣赏一朵花的盛开，沉醉于一阵微风掠过，细品人生百味，咀嚼生活点滴，何其简约和透彻。

放慢脚步，远离亚健康

太阳是那样暖和、优雅，悄悄地照耀着大地，它不按电铃，也不打电话，只是无声无息地亲吻着大地。

要想摆脱亚健康给我们带来的威胁，就要放慢脚步，过一种和谐的生活。但是很多追求成功的人都舍不得停下脚步放松自己，在他们看来，放松是对时间的严重浪费。他们以为只有永不停歇才能早一点获得成功，即使已经精疲力竭、油尽灯枯，他们依然不愿停止。这绝不是明智之举。

乔治是一家会计事务所的职员，有一天早上，他手上握着刚从纽约事务所发来的信函，正想走下佛罗里达饭店的阳台，无疑，阳光照耀的假期已经泡汤了，接下来该是非常忙碌的工作时刻。他只想赶快进入工作状态，匆忙地走着。此时，一位压低帽檐、舒服地躺在摇椅上的朋友，一眼瞧见了慌乱疾走的他，就以佐治亚州特有的南部柔软腔调喊道："先生，你想赶往哪里呀？身浴佛罗里达亮丽阳光的你，不该还是如此急躁不安。来！坐坐摇椅，咱们一起完成伟大的艺术吧！"

"究竟是什么？请你告诉我，我真的不晓得你是从事哪种艺术。"乔治不由放慢了脚步，压低声音问。

"没什么，"朋友安详无事地回答，"只是想与你共享正在消失中的艺术呀！如今大多数的人都已忘了它是什么了。"

"我是在做日光浴艺术，闲坐此处，让慈爱温情的阳光抚慰身心，一丝丝地渗透我的灵魂。请问你曾想过'太阳'吗？"

接着，他继续说道："太阳是那样暖和、优雅，悄悄地照耀着大地，它不按电铃，也不打电话，只是无声无息地亲吻着大地。想想它一小时的工作量，就远超过你我一生的工作，太阳实在是太伟大了！花开草盛树茂，大地一片欣欣向荣，干旱时降下甘霖滋润大地，使人间充满生机与和平。”

“我发现每当我沉醉于日光浴中，太阳就会慢慢渗透我的身体的每一部分，抚平、安定一切，并施予无穷的能量，所以我禁不住爱上日光浴——老兄，把那邮件的事丢在脑后，在我身旁坐一下吧。”乔治依言坐下了，让温馨的太阳光芒晒暖全身，而后回到房间开始处理邮件，出人意料地，他很快完成了。

面对竞争日趋激烈的现代社会，我们已经习惯快节奏的生活。想要从容不迫地面对生活和工作中的挑战，我们需要学会让自己疾走的脚步慢下来，远离亚健康的威胁。

要学会调节好生物钟，提高效率。有些人习惯在白天工作，有些人则是到了夜晚精神特别好，每一个人的生理时间是不尽相同的。建议你花一个星期的时间，观察与记录自己每天的精神状况，以了解自己在一天当中哪一个时段最有精神，也就是在一天当中精神最好、工作最起劲的时段，我们称它为“核心时间”。

我们要试着让自己的“核心时间”处理重要的事，如做重要的决策、创意工作等。千万不要在每天最疲惫的时段，做重要的事项。

要提升工作效率，最好能养成每日下班前，安排好第二天的作息时间和工作计划，这可以让我们安心返家休息、睡觉，同时不会在第二天，被一些杂七杂八的琐事缠身，而忽略了重要的事。了解自己的生理时钟，妥善安排适当的工作，加上规律的生活，相信必能让效率发挥到最佳。

生活亦是如此，我们要远离亚健康的威胁，放松身心，就要减缓生活的步调，让疾走的脚步慢下来。

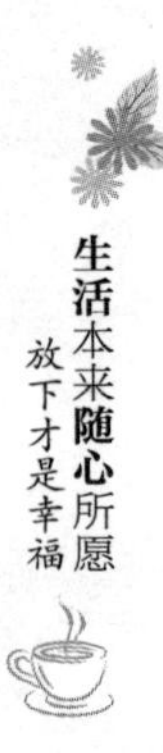

心中从容，动之徐生

青山不改，细水长流，“动之徐生”，“从容”便是。

在人生的路上，带一颗探索的心灵，携一份悠闲淡泊的神思，于静处看一看人间的百态，品一品世间的甜苦，听一听鸟鸣虫嘶，嗅一嗅芳草鲜花，不做高深的评论，只需用心去感触、去领悟，你就会发现人生是如此的多彩缤纷。

世间人难离忙碌，正如人生是不可避免的“劳生”，但“劳生”更要“徐生”。老子认为，若想生活得充实而从容，只需记住两个字——徐生。徐，有缓慢的意思。青山不改，细水长流，“动之徐生”，“从容”便是。生命的原则若是合乎“动之徐生”的原则，便能够幸福而平安。

我们都应该学点“动之徐生”的原则。“徐生”是要人慢慢地生存，慢慢地欣赏沿途风景，不要风风火火，不要急急忙忙。人生真正的动，是明明白白又充满意义的“动之徐生”。心平气和，才能生生不息。

徐缓是一位成功人士，当他的同学还在为饭碗苦苦奋斗时，他拥有了属于自己的一片天地。这一切似乎并没有像有些人那样牺牲健康和情趣孜孜以求，而是在从容淡定中将一切尽收囊中。有人欲探得其中奥秘，徐缓说，其实挺简单，换来这份从容的，也就是半小时。他刚参加工作时，和许多人一样，总觉得手头的事情做不完，业余爱好也丢了，人疲乏得要命，到头来还没落得个好结果。后来有一天，父亲对他说：“你能不能试一试，每天早出门半个小时？”他看了父亲一眼，对父亲的话并不十分理解，但他还是决定试一试。从第二天起，他开始比正常时间早半个小时出门。当他走到公共汽车站时，发现等车的人不多，上了车，又发现有许多空位，比平时惬意多了。而且，由于还没到上班高峰期，路上的交通也不堵塞，很快就到达目的地。坐在车上时，他就把一天的工作理了个头绪。进入办公室后，同事们还没来，他在空旷的办公室里伸展了一下手脚，然后开始听一段音乐。当同事们匆匆忙忙地打卡、手忙脚乱地开抽屉时，他的面前已放好了需整理的材料，并泡好了一杯热茶，接下来的工作是有条不紊的。

这里讲的或许是时间管理，半小时的短暂时间换来一天的从容。其实，这也是一种人生法则：兵荒马乱中永远都是一团乱麻，从容之中才能气定神闲、决胜千里。

禅语说，人生有三重境界：看山是山，看水是水；看山不是山，看水不是水；看山还是山，看水还是水。

看山是山，看水是水，是说一个人在涉世之初纯洁无瑕，目光所及之处一切都新鲜有趣，眼睛看见什么就是什么。

看山不是山，看水不是水，是因为随着年龄的渐长，阅历渐丰，日渐发现世事的繁杂，不再轻易相信什么，山不再是单纯的山，水也不再是单纯的水。如果一个人长期停留在人生的第二重境界，便会这山望着那山高，斤斤计较，与人攀比，欲望的沟壑越来越深，就在此境界中到达了人生的终点。这也就是为什么许多人在俗世中迷失了自己，在疲于奔命的路上终结了自己的一生。

看山还是山，看水还是水，第三重境界并非人人能达到，这是一种拨云见日的豁然开朗，是本性与自然的回归，心无旁骛，只做自己该做的，面对纷杂世俗之事，一笑而过，笑看世间风云变幻，只求从从容容、平平淡淡，因此，看到的又是山水的本来面貌。

老僧的一位老友来拜访他，吃饭时，他只配一道咸菜。老友忍不住问他：“这样不会太咸吗？”老僧回答道：“咸有咸的味道。”吃完饭后，老僧倒了一杯白开水喝，老友又问：“白水过于平淡了吧？没有茶叶吗？怎么喝这么平淡的开水？”老僧笑着说：“白水虽淡，可是淡也有淡的味道。”

漫漫人生路，需要品尝各种滋味，咸菜的咸与白水的淡就像人生中遇到的不同情境与事件，超越了咸与淡的分别，才能真正品味到咸的恰到好处与淡的至纯至真。

确实，人生本来平淡，何苦以它作为调味剂？若得心中从容，白水滋味也香甜。

幸福生活，从“心”开始

其实生活本身并不复杂，真正复杂的是我们的内心。

我们一直在追求幸福，但不了解什么是真正的幸福，只知给生活戴上沉重的枷锁，离幸福生活越来越远。

在一个艳阳高照的午后，一个勤劳的樵夫扛着沉甸甸的斧头上山去打柴，一路上汗如雨下。就在他停下脚步准备稍作休憩之时，他看到一个人正跷着二郎腿，悠闲地躺在树底下乘凉，便忍不住上前问道：“你为什么躺在这里休息，而不去打柴呢？”

那个人看了樵夫一眼，不解地问道：“为什么要去打柴呢？”

樵夫脱口而出：“打了柴好卖钱呀。”

“那么卖了钱又为了什么呢？”乘凉的人进一步问道。

“有了钱你就可以享受生活了。”樵夫满怀憧憬地说。

听到这话，乘凉的人禁不住笑了，他意味深长地对樵夫说道：“那么你认为，我现在又是在做什么呢？”

听见此话，樵夫顿时无语，那么到底，打柴是为了什么？享受生活，不就这么简单吗？故事中的乘凉的人没有把自己盲目地投入到紧张的生活中，而是恬然地享受悠闲自在的日子——躺在树下轻松自由地呼吸，对生命充满着由衷的喜悦与感激。这种简单、干净的生活方式是多么惹人羡慕，多么令人向往啊。这种发自内心的简单与悠闲，正是幸福生活的真谛所在。

在我们忙忙碌碌，为生活所累的时候，是否应该回头看一看自己的生活？

当我们不断地抱怨，被无穷无尽的牢骚所埋没的时候，是否应当重新考量生活的定位？现如今的我们正被包围在混乱的俗事、杂务、尤其是杂念之中，却不知到底是为谁辛苦为谁忙？一番苦痛和挣扎之后，一颗颗活跃而跳动的心被挤压得毫无热情和活力可言。也许是因为在竞争的压力下我们逐渐丧失了安全感，于是就产生了担心无事可做的恐惧，也许是内心的不安使我们急欲去寻找可以依靠的港湾，所以才愈发急着找事做来自我安慰。不知不觉中，我们陷入了一种恶性循环，逐渐远离真正的快乐、远离真实的生活。

也许我们真的太累了，我们疲惫的内心需要得到休憩的空间。在不断追逐的过程中，我们是不是可以尝试着放弃一些复杂的东西，让一切都恢复简单的面孔。其实生活本身并不复杂，真正复杂的是我们的内心。因而，要想恢复简单的生活，必须从“心”开始。

对幸福的需求是永无止境的，没完没了地去追求大家普遍认同的所谓幸福——大房子、新汽车、时髦服装、朋友、事业……这些东西尽管绚烂美丽，但最终带给我们的，却只能是患得患失的压力和永无止境的挣扎。想要获得真正的幸福，我们就要像故事中乘凉的人那样，呼吸清新的空气，悠闲自在地享受简单的生活。

第十六章 留一份从容给自己

与其垂死挣扎，不如勇敢面对

给心灵一个合适的包袱

每天留一点时间独处

告别庸人自扰

努力争取，改变境遇

绽放不了花香，就当绿叶

凡事看淡，顺其自然

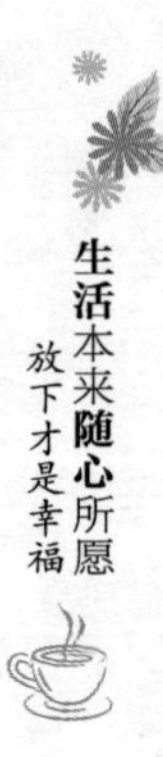

与其垂死挣扎，不如勇敢面对

压力的杀伤力比我们周遭环境中产生的任何事物都还要强大。

压力是人的内心深处的一种情感体验。根据“国际压力研究院”的创办人塞利博士的说法，老化是每一个人一生中的疤痕以及紧张的总和，亦即压力的总和。塞利教授在他的《生活压力》一书中，对内在压力带来的巨大危险有精辟深入的研究。他说，压力的杀伤力比我们周遭环境中产生的任何事物都还要强大。

我们每个人或多或少有过这样的经历，一早起来心情就不好，在接下来的一整天里，觉得什么事都不对劲，看什么都不顺眼，总想发脾气。

一早起来就心情不好的人，只要有人愿意听他发牢骚，他一定会噼里啪啦说上一大堆，诸如：

（1）我昨晚没睡好，事实上，我几乎没睡着。

（2）我在床上翻来覆去七八个小时，真是累死了，可就是睡不好。

（3）我的脖子好痛，肩膀也好酸，但还是睡不着。

（4）现在别叫我集中精神，我的注意力早就四分五裂。

（5）想到以上这些，我真想回到床上，把它们通通都忘掉。

但是几乎没有人能够这么幸运，回到床上就可以把一切都抛开。那些潜藏的因素总是困扰着你、妨碍着你、威胁着你。这些因素就叫做压力源，是说也说不完的。譬如说，再过半小时就要开会了；电话响了；又有推销员来按门铃了；孩子上完芭蕾舞课，得去接她回来；报告已经迟交四天了；等等。

了解压力，认清压力的面目，它就不再那么可怕。

我们首先要做的便是把压力控制在可以纾解的范围里，如此我们的身心才能够常常保持健康快乐。找出压力的本质，对我们而言也是非常重要的。因为只有找出压力的本质，我们才能比较容易将它打倒。

实际上，压力是一种认知，是在个人认为某种情况超出个人能力所能应付的范围时产生的。这种定义的关键在于“认知”这两个字。我们常常认为压力是外来的，一旦碰到了不如意的事情，就认为那是压力。所以，我们会犯一种基本的错误，那就是只注意外在因素。但事实上，我们所感受到的压力来自我们自己，是我们对压力源的反应。因此，我们应该往内心探索。

所有的压力都对我们有害无利吗？其实不然。适度而且在能够纾解范围之内的压力，是可以让生活变得更加亮丽的。这就是为什么我们会不断地规划长途旅行，运动健身，制定人生目标，以及做各式各样计划的原因。

了解压力绝非为了逃避压力，生活中处处充满压力，压力几乎是人生的同义词。这么说来，只要是活在这个世界上，就不可能完全逃避得了压力。既然如此，我们与其做无谓的垂死挣扎，还不如勇敢地去面对压力，找出压力源，然后想办法克服它。

给心灵一个合适的包袱

井无压力不出油，人无压力轻飘飘。

生活中，不少人畏惧压力，逃避压力，因为压力会让人倍感沉重，喘不过气来。其实，压力又何尝不是一种动力呢？它会带给我们痛苦和沉重，但也能激发我们的斗志和激情。试想，不管学生多么的勤奋，但得到的全是一样的考分；不管员工多么的努力，但得到的是相同的工资。那么，谁还会有激情？谁还愿意继续努力？这样，人人就只会混日子，变得越来越懒散，激情也将消失殆尽。

压力不仅能激发斗志，压力还能创造奇迹。

日本的北海道盛产一种味道珍奇的鳗鱼，海边渔村的许多渔民都以捕捞鳗鱼为生。鳗鱼的生命非常脆弱，只要一离开深海区，要不了半天就会全部

死亡。

有一位老渔民天天出海捕捞鳗鱼，奇怪的是，返回岸边之后，他的鳗鱼总是活蹦乱跳。而其他捕捞鳗鱼的渔民，无论怎样对待捕捞到的鳗鱼，回港后均是死的。

由于鲜活鳗鱼的价格要比冷冻的鳗鱼贵出一倍，所以没几年工夫，老渔民便成了远近闻名的富翁。周围的渔民做着同样的事情，却只能维持基本的温饱。

后来，人们才发现其中的奥秘。原来，鳗鱼不死的秘诀，就是在整仓的鳗鱼中放进几条狗鱼。

鳗鱼与狗鱼是出了名的死对头。几条势单力薄的狗鱼遇到成仓的对手，便惊慌地在鳗鱼堆里四处乱窜，这样一来，整船死气沉沉的鳗鱼就被激活了。

故事说明了一个非常简单的道理——对手能让我们提高警惕，压力可以激发我们的活力。人是需要压力的，如果没有既甜蜜又有痛苦的冒险滋味的“滋养”，人的激情和活力就无法存在。

常言道：“井无压力不出油，人无压力轻飘飘。”生活中，人们经常有这样的感觉，挑着重担的人比空手步行的人要走得快，其中的奥妙，便是压力的作用。人生一世，轻松愉快只是一种可能，而承受不同程度的压力则是一种必然。在工作中、生活中遇到的困难、挫折、不幸，是一种压力，生活节奏加快、竞争日趋激烈、追求的痛苦、爱情的困惑，更是压力……我们无法撇开压力去谈人生。

压力如苦胆，但勾践卧薪尝胆，终率三千越甲吞吴，俘获了终日与西施畅游后宫的夫差；宫刑的压力如山，但司马迁并未逃避或自绝于世，贫病之中，他完成了辉煌巨著《史记》……

心理学家认为，压力是每个人生活中不可缺少的一部分，压力的刺激，能使人振作。

自然界曾有一种腔棘鱼，又称“空棘鱼”，它因脊柱中空而得名。生物学家在白垩纪之后的地层中找不到它的踪影，因此得出结论：这个登陆英雄已经告别了世间，全部灭绝了。1938年在南非，人们发现了一条腔棘鱼，这个史前鱼种还活着！

在距今4亿年前的泥盆纪时代，腔棘鱼的祖先凭借强壮的鳍，爬上了陆地。经过一段时间的挣扎，其中的一支越来越适应陆地生活，成为真正的四足动物；而另一支在陆地上屡受挫折，又重新返回大海，并在海洋中寻找到一个安静的角落，与陆地彻底告别了。

谁会想到，这个安静的角落就是11000米深的海底。要知道，人类入海比登天还要难。首先是巨大的压力：水深每增加10米，压力就要增加1个大气压。在11000米深的海底，压力将高达1100个大气压，别说人的血肉之躯，就是普通的钢铁构件也会被压得粉碎。

还有海底的恶劣环境：黑暗、寒冷！太阳光进入海中很快被吸收，10米处的光能只及海洋表面的18%，100米深处则只有1%了。光线稀少，热量自然难留，水下的寒冷、黑暗可想而知。然而，腔棘鱼通常生活在非常深的海底，并把自己隐藏在海底礁石的洞穴里。

在恶劣的海底，它们学会与压力共处，在自己创造的历史里痛并快乐地生存着，超乎想象地存在了4亿年！

腔棘鱼的奇迹告诉了人们一个道理：压力，并非痛苦、沉重的代名词，直面压力，愈挫愈勇，人生将奇妙无比。

当然，压力也不能太大，大得难以承受，人就会被压垮。

压力不能没有，又不能过大，同时压力也无法摆脱，生活就是这样，充满着矛盾，我们只能选择适应生活和改变自己。当你没有了激情，懒懒散散，那就给自己加压，定下一个目标，限期完成；当你感到压力使你心身疲惫时，你就要进行压力纾解，放下一些攀比和力不从心的追求，这样才能在平衡压力的过程中迈向成功。

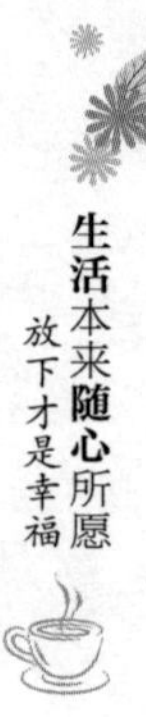

每天留一点时间独处

一人独处的时候，静美随之而来，清灵随之而来，温馨随之而来；一人独处的时候，贫穷也富有，寂寞也温柔。

伴你一生的是心情，它是你唯一不能被剥夺的财富，它是由人格、修养，修炼而成的情感。烦恼忧愁，开心快乐，都可以伴随生命的全部过程。生命是个过程，直面生命是一种态度，善待了生命，就是善待了自己，简单的感情，简单的快乐，放下烦恼，拥有快乐。

人生在世，每一人都会从自己的哭声中来，在别人的哭声中离去。对生活在五光十色的现代人而言，我们常常为欲望而感受人生之累，为欲望而感受人生之短暂。人生短暂，容不得我们常与烦恼纠缠，不能让烦恼伴随着自己去迎接崭新的太阳。

在平凡的生活中，不经意的来来往往，也会触动我们的心灵。有心情的时候，我们可以写些不为了发表的文字，用文字叙述一下自己的心情；想念的时候，可以和朋友通通电话，说说生活中的趣事；也可以上网和网友聊聊天、听听音乐，有时间可以看山神静，也可以观海心阔。不为昨天的失意而懊悔，不为今天的失落而烦恼，不为明朝的得失而忧愁，淡泊名利，志远高洁，朴实无华，一点点随意的心性，知足常乐，随遇而安，凡事顺其自然。我们喜欢这种恬然宁静的心境，享受这种简单而平静的平淡生活。

生活在这纷扰喧嚣的世界，有时真的需要有自己独处的空间，可以放飞自己的心灵 ，什么都可以想，什么都可以不想。一人独处的时候，静美随之而来，清灵随之而来，温馨随之而来；一人独处的时候，贫穷也富有，寂寞也温柔。

我们可以让心灵远离尘嚣纷乱的世界 ，默默地体验花香，聆听鸟鸣，欣赏自然带给我们的乐趣，静静地沉浸在自己的遐想中，不要谁来做伴，只有自己，而在这时我们是最真实的。抬头仰望天边云卷云舒，让心儿随着自己无边的思绪飘飞。此时，这个世界属于我们，我们也拥有了整个世界。

可以捧一杯香茗，在氤氲的缭绕中慵懒地翻阅一本好书。让自己在这份难得的宁静中，去书中解读关于生活，关于情感的文字。此刻，孤独成为一个空灵的竹箫，悄悄地流淌着轻柔的曲调。可以被书中的人物打动，静静地流泪。这时的我们已卸掉了生活的面具，返璞归真，不带任何伪饰的成分。

可以播放轻缓的温柔的小夜曲，静静地赖在床上，什么都不想，只让自己沉浸在难得营造出的氛围里。让身心此刻回归本真，默默地享受音乐带给我们心灵的小憩。让音乐来满足我们对浪漫的渴求。

无论生活多么繁重，我们都应在尘世的喧嚣中，找到这份不可多得的静谧，在疲惫中给自己心灵一点小憩 ，让自己属于自己，让自己鼓励自己，让自己做回自己……

告别庸人自扰

有些时候，并不是烦恼在追着我们跑，而是我们追着它不放。

烦恼如贼，偷窃人生。

世人往往被各种各样莫名其妙的忧愁烦恼占据身心，心灵不得解脱，没有安宁静穆的时候，不管醒时睡时、忙时闲时。

古代有个比丘学习入定，可是每当入定不久，就感到有只大蜘蛛钻出来捣乱。他感到很苦恼，可又没有解决的办法，只得请教老和尚去。“我一入定，就有大蜘蛛出来捣乱，赶也赶不走它。搅得我心烦意乱，我该怎么办呢？”“下次入定时，你拿支笔在手里，如果大蜘蛛再出来捣乱，你就在它的肚皮上画个圈。看看是哪路妖怪？”老和尚出主意说。

得到老和尚的传授，比丘准备了一支笔。一次刚刚入定，果然大蜘蛛又跑出来了。比丘见状毫不客气，拿起笔来就在蜘蛛的肚皮上画了个圈圈。谁知刚一画好，大蜘蛛就消失了，并且再没出来捣乱。因为没了大蜘蛛，比丘安然入定，再无困扰。

后来，比丘出定了，他很想找到刚才的那只大蜘蛛，他按刚刚画的圈记寻找，却惊奇地发现本该画在大蜘蛛肚皮上的圆圈竟然在自己的肚脐周围。

这时，比丘恍然大悟，入定时的那个破坏分子大蜘蛛，不是来于外界，而是自己心身不定造成的。

可见，我们的烦恼和困扰皆来自于自身的不安定。世界上的事往往就是这样，外因是变化的条件，只有内因才起决定作用。正如故事中的比丘一样，我们之所以烦扰，皆因心不安守本分造成的。

是非天天有，不听自然无，是非天天有，不听还是有，是非天天有，我们怎么办？真正的开悟，就是把烦恼、忧虑通通放下。

这是个众生喧哗的时代，人潮汹涌，熙来攘往，忙碌与奔波充塞，不安和烦躁缠绕，心里总不是个滋味，却又说不出为何如此。可见，烦恼对人的困扰有多大。

烦恼如丝千千结，何苦自寻这么多烦恼呢？我们每天到底在烦恼些什么呢？怎样才能少些烦恼、多点洒脱呢？

清空内心的烦恼和忧虑，人的心灵将变得舒畅，这也是摆脱心理压力的一个好方法。

关于烦恼的由来，曾有人给出了答案，乃因我们“无故寻愁觅恨”，真是一针见血啊！古人有一句诗形象地说：“百年三万六千日，不在愁中即病中。”在这个世界上，本来苦楚烦愁已经够多了，我们自己却偏偏火上浇油、愁上添愁。“抽刀断水水更流，举杯消愁愁更愁”，诗仙李白如是说，他又是怎么做的呢？“人生在世不得意，明朝散发弄扁舟”。我们凡夫俗子当然没有这样的透彻和飘逸，每天都在为各种各样的事情而烦恼，学业、工作、婚姻、健康、财富……层层相叠，无穷无尽。我们就像过滤器，烦恼的渣滓留驻了，却不知怎样除空洁净。这并非大家都多愁善感，实在是众生本相。

人不是佛，若没有烦恼，人也不成其为人。佛为何在莲花宝座上拈花微笑呢？也许就是世人都在烦恼吧。西语有云，人类一思考，上帝就发笑。两者情意相通。是人皆有烦恼，得道高僧也不例外。

有僧人向善昭禅师问过类似的问题：“心地未安，该怎么办好？”禅师反问道：“谁在扰乱你？”僧人接着又追问：“有什么解决的办法吗？”禅师回答：“自作自受。”

天下本无事，庸人自扰之。俗世中人为什么难得心安呢？因为放纵情绪如同脱缰的野马，心里堆满了各样繁杂事物，总是有千种思虑、万般妄想，也难怪人们感到处处烦恼了。

告别庸人自扰，才能追求快乐人生。有些时候，并不是烦恼在追着我们跑，而是我们追着它不放，既然如此，何不放开烦恼，让心灵得到安定呢？

努力争取，改变境遇

谁是命运的最高仲裁者？不是别人，正是你自己。

生活中总有这样或那样的困难和不顺，在面对折磨时，在你抱怨生活之前，先问问自己，你认清你自己了吗？害怕艰苦，牢骚满腹，是难以学到真本事、成就大事业的。

很久以前，鸭子和天鹅是一对亲兄弟，它们长相相近，很难区分开来。鸭子是哥哥，天鹅是弟弟。它们长大后，一同拜山鹰为师学习追云赶月的飞翔技艺。

跟老师学练了才三天，鸭子就有些受不了了。它嘟哝说：“唉！要是咱生在山鹰家里多好，从小就能出类拔萃，翱翔九霄，省得受这份洋罪，去练这飞翔的技艺。”天鹅说：“真本事来自苦用功，哪有一生下来什么都会的人呢？就是山鹰的孩子，也是通过长期的勤学苦练才练就了一身过硬的翱翔技艺。不信，你问问老师。”山鹰笑着说：“是啊，我们山鹰的孩子练起飞翔来一点

也不比你们轻松，翅膀刮伤，脖子扭坏，那是常有的事。”

鸭子平静了没几天，心里又烦躁起来。“哼！山鹰练飞虽比我苦，可他起点比我高呀，我再苦练也跟不上人家。罢罢罢，干脆另谋出路。”天鹅苦劝无效，鸭子开小差溜了。

鸭子离开山鹰，接着跟金雕学艺。没过几天，他又厌烦了，“四面高山一处山坳，环境太小，这小地方岂能练出绝世的功夫？”

于是，他再次出走。就这样，他曾到大海上向海鸥求教，曾到沙漠里向秃鹫学习，也曾到森林里以猎隼为师……辗转各地，他不是嫌环境艰苦，就是嫌老师刻板，怨天尤人，每天都有说不完的牢骚。

许多年过去了，鸭子飞翔的能力一点也没有提高，只能从一个水塘勉强飞到另一个水塘。而他的弟弟天鹅，经过一丝不苟的刻苦训练，早已成了举世闻名的飞行家，他飞越珠峰，往往连老师都望而兴叹。有好事者问鸭子对此有何感想时，鸭子说：“人家命好，老师偏向父母宠，要是我有他那些条件，我肯定比他现在飞得还远还高，珠峰算什么！”据说，直到今天，鸭子还牢骚满腹地嘎嘎叫，从不低头沉思一下自己到底错在哪儿。

找借口已经成了很多人的强项。我们总会若有其事地为自己制定一个远大的理想，在实现理想的过程中，遇到一点困难就找借口，之后败下阵来，另谋出路。再次遇到困难，又是牢骚满腹，到最后一事无成。实际上成功的离弃是因为我们没有认清自己，最后输给自己的抱怨。

真正优秀的人从来不去抱怨环境给予了自己什么，也不会为了自己的失败寻找任何的借口。他们只会勇敢地面对生活，即使面临委屈的处境，也不会气馁。可是，在生活中，很多人却在一直为自己找寻借口。

一个女孩对父亲抱怨她的生活，抱怨事事都那么艰难。她不知该如何应付生活，想要自暴自弃了。她已厌倦抗争和奋斗，因为一个问题刚解决，新的问题就又出现了。

女孩的父亲是位厨师，他把她带进厨房。他先往三只锅里倒入一些水，然后把它们放在旺火上烧。不久锅里的水烧开了。他往一只锅里放些胡萝卜，第二只锅里放入鸡蛋，最后一只锅里放入碾成粉状的咖啡豆。他将它们浸入开水中煮，一句话也没说。女孩咂咂嘴，不耐烦地等待着，纳闷父亲在做什么。

大约20分钟后，父亲把火关了，把胡萝卜捞出来放入一个碗内，把鸡蛋捞出来放入另一个碗内，然后又把咖啡舀到一个杯子里。做完这些后，他才转过身问女儿："亲爱的，你看见什么了？""胡萝卜、鸡蛋、咖啡。"她回答。

他让她靠近些，并让她用手摸摸胡萝卜。她摸了摸，注意到它们变软了。父亲又让女儿拿一只鸡蛋并打破它。将壳剥掉后，她看到了是只煮熟的鸡蛋。最后，父亲让她啜饮咖啡。品尝到香浓的咖啡，女儿笑了。

她怯声问道："父亲，这意味着什么？"父亲解释说，这三样东西面临同样的逆境——煮沸的开水，但其反应各不相同。胡萝卜入锅之前是强壮的、结实的，毫不示弱，但进入开水后，它变软了，变弱了。

鸡蛋原来是易碎的。它薄薄的外壳保护着它呈液体的内脏，但是经开水一煮，它的内脏变硬了。而粉状咖啡豆则很独特，进入沸水后，它们倒改变了水。

父亲的教导方法是高明的。一个人总会在生活中遇到不顺，心灵受到折磨。这个时候，如果你一味选择抱怨，也许只会让生活变得更糟。因此，在抱怨之前，先认清自己吧。或许，你就能找到改变境遇的答案。

我们每个人绝不可能孤立地生活在这个世界上，很多的知识和信息来自别人的教育和环境的影响，至于怎样接受、理解和加工、组合，是属于自己的事情，这一切都要独立自主地去看待，去选择。谁是命运的最高仲裁者？不是别人，正是你自己。

生活并不亏欠我们任何东西，想要收获幸福，不是靠借口和抱怨，而是需要我们自己去努力争取。

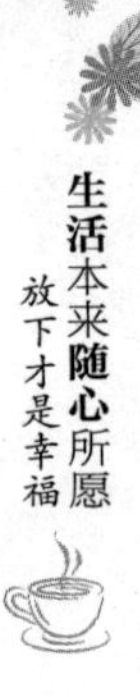

绽放不了花香，就当绿叶

当不成绽放的花朵，我们还可以拥有绿叶的生机；当不成浪漫的皓月，我们还可以做一颗闪烁的星星。

一位思想家曾说："不要为自己所没有的东西感到苦恼，能享受自己现在所拥有的，才是最聪明的人。"法国哲学家孟德斯鸠也说过："假如一个人只是希望幸福，这很容易达到；然而，我们总是希望比其他人幸福，这就是困难所在，因为一般人坚信其他人比自己实际上更幸福。"

我们能够调整自己的心态，但是我们不能掠夺别人的幸福。我们可以向着成功努力，但是我们无法决定成功是否降临。当我们理想的生活状态没有实现的时候，我们完全可以让自己的思维换一个方向。当不成绽放的花朵，我们还可以拥有绿叶的生机；当不成浪漫的皓月，我们还可以做一颗闪烁的星星。

可是我们身边的很多人都会执拗于一个方向，认为成功的标准也只有一个。其实，在生活中，很多事情都不是单向发展的，单一的标准不能去评定一个事物的好坏或者成功与否。

众所周知，1968年，第一位踏上月球的航天员阿姆斯特朗，以"这是我个人的一小步，却是全人类的一大步"的一番话，而名留青史，成为全世界人民心目中的大英雄。

然而，当时登陆月球的，除了阿姆斯特朗之外，还有他的队友奥德伦。当时，两人只有一步之差，结果却隔了千里之远。阿姆斯特朗以踏上月球的第一人闻名于世，奥德伦却默默无名，知道他的人可说是寥寥无几。

在庆功宴上，当人们为这项前所未有的创举感到骄傲不已时，一名记者却突然问奥德伦："阿姆斯特朗先下了太空舱，成为登陆月球的第一人，你会不会觉得有些遗憾？"

众人纷纷把目光投向奥德伦，看他怎么接下这突如其来的烫手山芋，气氛一下子降到了冰点，连太空英雄阿姆斯特朗都显得有些尴尬，然而奥德伦却神情自若，微微一笑："各位，千万别忘了，回到地面时，我可是最先走出太空舱的，所以，我是别的星球来到地球的第一人。"

话音刚落，人群中响起了一阵笑声，同时也化解了尴尬的场面，热烈的掌声持续了一分钟之久。

生活中，当事情不能按照我们的预想去发展的时候，我们不妨将思路转一个弯。当我们的思路换了一个方向的时候，成功的定义也会跟着发生转弯。当我们不再执着于一个方向的时候，成功与幸福就变得随处可见了。

2008年在长春举办的一次颁奖典礼上，导演冯小刚通过录像机对正要领奖的张涵予说："如果能够得奖，那我祝贺你。但是生活存在了许多的偶然性，虽然大家都很看好你演的《集结号》，也都希望你能够拿到这个最佳男主角的大奖，但是看着快要到手的东西，有时候就是得不到……"

没错，生活里总是有太多的偶然，有时候明明已经看见成功在向我们招手了，可是就差那么一步，我们就与成功擦肩而过了。这个时候，不要悲观失望，也不要自怨自艾，而应该换一个角度去想：虽然没有成功，可是经历了，总会有不同的收获。

面对人生的成败得失，如果我们绽放不了花香，那就当绿叶吧，要知道绿叶也能发挥出它最好的价值。

凡事看淡，顺其自然

凡事看淡一点，生命便会充实一些。

在人的一生中，得失是生活的常态。然而有太多的人只一味追随着"得"脚步，而对"失"嗤之以鼻，他们因为得到而欣喜若狂，因为失去而烦恼不

已。其实，最高的境界是“不以物喜，不以己悲”，明白得到也会失去，失去未必就不是一种得到的道理，你就不会因为得与失而不知道该如何控制自己的情绪。顺其自然发展就好，切莫大喜大悲。希望越大，失望越大，凡事看淡一点，生命便会充实一些。

奥比太太在她的屋子后面种了一大片玉米，经过几个月的辛勤劳作，眼看就到了收获的季节。一个籽粒饱满、裹着几层绿色外衣的玉米说道：“收获那天，主人肯定先摘我，因为我是今年长得最好的玉米。”周围的玉米听了，也都随声附和地称赞着。

收获开始了，奥比太太虽然看了看那个最好的玉米，但并没有把它摘走。“她眼力可能不太好，没注意到我。明天，明天，她一定会把我摘走的！”那个最好的玉米自我安慰着。第二天，奥比太太又哼着欢快的歌儿收走了其他的玉米，可唯独没有摘这个最好的玉米。“明天老婆婆一定会把我摘走的！”最好的玉米仍然自我安慰着。

第三天，第四天，从这以后的好多天，奥比太太再也没有来过，最好的玉米被摘走的希望越来越渺茫了。直到一个漆黑的雨夜，最好的玉米才突然感悟道：“我总以为自己是今年最好的玉米，但现在连奥比太太都不要我了。白天，我顶着烈日，原来饱满而又排列整齐的颗粒变得干瘪坚硬，整个身体像要炸裂一般。夜晚，我又要和风雨作斗争。也许她真的不需要我，也许我真的不是最好的！”

不知不觉，黑夜就过去了，清晨柔和的阳光照在玉米的脸上，它抬起头来，睁开眼睛的时候，一下就看到了站在自己面前的奥比太太。奥比太太用一种柔和的目光看着它，轻声说道：“这可是今年最好的玉米，它的种子明年一定比它今年长得还要好！”这时，差一点绝望的玉米才明白奥比太太不摘走它的原因。正当它想着的时候，这个获此殊荣的玉米被奥比太太轻轻地摘了下来……

许多时候，对于生活中的得失，我们要控制好自己的情绪。世上没有绝对的平等，平和面对生活中得与失的时候，我们才能拥有快乐的心情。

人之所以不幸福，就是因为不能够活得单纯；不要去刻意追求什么，不要向生命去索取什么，不要为了什么去给自己塑造形象，其实，顺其自然本身就是一种幸福。

龙王与青蛙一天在海滨相遇，打过招呼后，青蛙问龙王："大王，你的住处是什么样的？""珍珠砌筑的宫殿，贝壳筑成的阙楼，屋檐华丽而有气派，厅柱坚实而又漂亮。"龙王反问了一句，"你呢？你的住处如何？"青蛙说："我的住处绿藓似毡，娇草如茵，清泉潺潺。"说完，青蛙又向龙王提了一个问题："大王，你高兴时如何？发怒时又怎样？"龙王说："我若高兴，就普降甘露，让大地滋润，使五谷丰登；若发怒，则先吹风暴，再发霹雳，继而打闪放电，叫千里以内寸草不留。那么，你呢？青蛙！"青蛙说："我高兴时，就面对清风朗月，呱呱叫上一通；发怒时，先瞪眼睛，再鼓肚皮，最后气消肚瘪，万事了结。"

不同的生命个体各有各自的快乐，在于自己对自己生活的一种顺其自然的满足。人活在世上都要扮演一定的角色，或许你的生活很简单、很平凡，但是你也会有自己的幸福。我们看到，有些人，他们活着，却没有时间去多愁善感；爱着，他们却不去过度诠释爱情；他们满足，因为他们没有奢望生活过多的给予；他们简单，不用在人前掩饰什么。他们也许连幸福是什么都不知道，然而真正幸福的就属于这么一群随心而动、随性而活的人。

不要被世俗的绳结羁绊，听从内心真切的呼唤，我们便能享受到属于自己的幸福。

第十七章 活着，就是一种享受

摆正心态，享受生活

读懂幸福的三要素

转换思维，发现生活的美好

欢乐只应心中寻

利用好生命中的每分每秒

看淡生死，活在当下

摆正心态，享受生活

人生在世，要得之坦然，失之泰然。

生活中，人们往往为了得失而苦恼不已。即使得到的再多，也没有满足的时候；即使失去得很少，也会为之难过，这是大多数人的共性。我们都没有办法淡然面对得失，常常会因为过于看重名誉和地位而苦闷不堪。在得失方面，胡雪岩一直表现得很淡然，得意的时候，他总是一副坦荡的样子；失意的时候，也会泰然自若。

在清朝朝廷中的北洋派系和南洋派系斗争激烈的时候，李鸿章一直在尝试找胡雪岩的麻烦。在他们的眼里，只要扳倒胡雪岩，就等于是斩断了左宗棠的一只翅膀。可是，胡雪岩虽然经常干预官场，却因为没有官位头衔而让李鸿章找不到很好的借口。李鸿章的下属丁日昌，决定从商场上牵制胡雪岩。他在暗中联合了几个药店，以绝对低廉的价格掀起了一场药店的价格大战。胡雪岩也因为同行的联合挤对而遭受了极大的损失。可是，他并没有因商场上的失意而患得患失，而是依然很冷静地对待身边的每一件事。阜康挤兑风潮波及杭州，在杭州主事的罗四太太是个能干的人，但是她也被这场“地震”吓到了，一时之间不知道如何应付。就在这个时候，胡雪岩回到了杭州。他进钱庄的时候，正好赶上吃饭。他一时兴起，居然跑到饭桌前检查伙计们的伙食，见桌上只有几个素菜，他嘱咐“大伙”，应该给大家加两个菜，而且天气已经冷了，该用火锅。胡雪岩说，阜康冬至以后采用火锅的规矩应该改一改，也应该学习一下洋人，按照气温而定，而不是只看时令。有时候，虽然没有到冬至，可是气温已经很低了，如果大家坚守着节令，势必要受苦的。店铺马上要倒闭了，胡雪岩却不为得失所动，还在关心大家的伙食。正是因为这样的泰然自若，将得失放开的豁达心理，使得胡雪岩扭转了局面，让自己在以后的道路上获得了更好的发展。

我们都害怕失去，可是很多事情，越在意就越做不好。比如，我们希望考出好成绩，可是越想考好，就越紧张，结果发挥失常，还不如原来放轻松的时候考得好；我们希望在职场中崭露头角，可是越是想表现自己，就越是没办法把工作做好……心里有了压力，自然就没办法很好地发挥能力，所以与其因为过于紧张而让自己失去更多，还不如摆正心态。得了，算是自己赚了；失去，也别太往心里去，权且当做参与了一场游戏。

有一个男人，经过自己的努力，终于拥有了自己的事业和家庭。他投身商海这么多年，没日没夜地奔波、操劳。有一天，太太看着他疲倦地回到家中，心疼地说："老公，在这个社会上，咱们也算小富有余了，你好好休整一年吧，然后去找个简单的工作。"男人摇了摇头说："作为男人，要有远大志向，不能稍富即安，我们离真正的富翁还差得太远。"然而，还没等他再展宏图，就已经轰然倒下了。莫名其妙的消瘦，胸部长时间的憋闷，让他不得不去医院检查，检查的结果让他头晕目眩，诊断书清晰地写着两个字：肺癌。他差点跌坐在椅子上，医生握着他的手，安慰他："慢慢调养，保持快乐的心情。"回到家中，他整天一句话也不说，常常面对着窗外的小鸟发呆，自己再也飞不高了，什么创业，什么人生，什么追求，此刻都失去了意义。终于有一天，他头也不回地走了，留给他妻子的只是一页白纸的留言：欲望是滋生祸端的根源。他的妻子看到这短短的几个字，没有说一句话，只是泪流满面。

我们会工作，会学习，但还不会真正享受生活。享受生活的真谛是知道什么该去追求，什么该去舍弃。只有这样，我们才能真正领会生活的诗意、生活的无穷乐趣，这样我们工作起来，也就会感到更有意义。

人生在世，要得之坦然，失之泰然。不要太多计较生活的得失，也不要总是让自己那么辛苦和劳累，人的生命只有一次，除了应该努力创造之外，还要学会休息与享受。

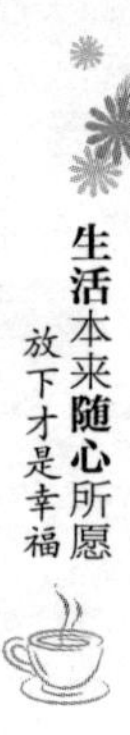

读懂幸福的三要素

有了爱，生命就有了春天，世界也变得万紫千红。

关于幸福，俄国的屠格涅夫认为：幸福没有明天，也没有昨天，它不怀念过去，也不向往未来，它只有现在。那关于幸福的生活，人们又是如何界定的呢？

现代人一般认为，幸福的生活有三个不可缺少的重要因素：一是有希望，二是有事做，三是能爱人。

1. 有希望

亚历山大大帝有一次大送礼物，表示他的慷慨。他给了甲一大笔钱，给了乙一个省份，给了丙一个官职。他的朋友听到这件事后，对他说："你要是一直这样做下去，你自己会一贫如洗。"亚历山大回答说："我哪会一贫如洗，我为我自己留下的是一份最伟大的礼物。我所留下的是我的希望。"

要是一个人只生活在回忆中，并失去了希望，那他的生命已经终结。回忆不能鼓舞我们有力地生活下去，回忆只能让我们逃避，好像囚犯逃出监狱一样。

2. 有事做

一个英国老妇人，在重病自知时日无多的时候，写下了如下诗句：

别再怜悯我，永远也不要怜悯我。

我将不再工作，永远永远不再工作。

很多人都有过失业或者没事做的时候，这时他们就会觉得时间过得很慢，生活十分空虚。有过这种经验的人都知道，有事做不是不幸，而是一种幸福。

3. 能爱人

诗人白朗宁曾写道："他望了她一眼，她对他回眸一笑，生命突然苏醒。"

生命中有了爱，我们就会变得谦卑、有生气，新的希望油然而生，仿佛有千百件事等着我们去完成。有了爱，生命就有了春天，世界也变得万紫千红。

最完美的祷告应该是："主啊，求你让我有力量去帮助别人。"

幸福并非由金钱的多少来决定，也不以权势大小来衡量。幸福的三要素，其实也是生命价值的体现。真正幸福美满的人生，是来自不能用金钱去衡量的智慧和修养。金钱无法购得知识和学问，不能增进人的道德水准和涵养，这一点是绝对无法否认的。读懂幸福的三要素，你就能实现自己的人生价值。

转换思维，发现生活的美好

"凡墙都是门"，即使你面前的墙将你封堵得密不透风，你也依然可以把它视作你的一种出路。

我们总是觉得生活亏待了自己，所以总是对生活怀有很大的怨气。这些怨气发泄出来的时候，又会牵连到我们身边的人，于是很多无缘无故的争吵，破坏了我们生活原本该有的和谐……

生活中充满了欣喜和痛苦，这些情感交织在一起，使得生活充满了喜怒哀乐。如何能够在悲伤的时候发现欢乐，如何能够在迷茫的时候看到希望，如何能够在徘徊的时候找到方向，那就需要我们有一双发现美好的眼睛。

两个人都有着亚洲血统，后来都被来自欧洲的外交官家庭所收养。两个人都上过世界各地有名的学校。但他们两个人之间存在着不小的差别：其中一位是40岁出头的成功商人，他实际上已经可以退休享受人生了；而另一个是学校教师，收入低，并且一直觉得自己很失败。

有一天，他们一起去吃晚饭。晚餐在烛光映照中开场了，他们开始谈论在

异国他乡的趣闻逸事。随着话题的一步步展开，那位学校教师开始越来越多地讲述自己的不幸：她是一个如何可怜的孤儿，又如何被欧洲来的父母领养到遥远的瑞士，她觉得自己是如何的孤独。

开始的时候，商人还表现出同情。随着她的怨气越来越重，那位商人变得越来越不耐烦，终于忍不住制止了她的叙述："够了！你一直在讲自己有多么不幸。你有没有想过如果你的养父母当初在成百上千个孤儿中挑了别人又会怎样？"学校教师直视着商人说："你不知道，我不开心的根源在于……"然后接着描述她所遭遇的不公正待遇。

最终，商人朋友说："我不敢相信你还在这么想！我记得自己25岁的时候无法忍受周围的世界，我恨周围的每一件事，我恨周围的每一个人，好像所有的人都在和我作对似的。我很伤心无奈，也很沮丧。我那时的想法和你现在的想法一样，我们都有足够的理由抱怨。"他越说越激动。"我劝你不要再这样对待自己了！想一想你有多幸运，你不必像真正的孤儿那样度过悲惨的一生，实际上你接受了非常好的教育。你负有帮助别人脱离贫困旋涡的责任，而不是找一堆自怨自艾的借口把自己围起来。在我摆脱了顾影自怜，同时意识到自己究竟有多幸运之后，我才获得了现在的成功！"

那位教师深受震动。这是第一次有人否定她的想法，打断了她的凄苦回忆，而这一切回忆曾是多么容易引起他人的同情。

商人朋友很清楚地说明他们二人在同样的环境下历经挣扎，而不同的是他通过清醒的自我选择，让自己看到了有利的方面，而不是不利的阴影，"凡墙都是门"，即使你面前的墙将你封堵得密不透风，你也依然可以把它视作你的一种出路。

琐碎的日常生活中，每天都会有很多事情发生，如果你一直沉溺在已经发生的事情中，不停地抱怨，不断地自责，这样下去，你就会越来越沮丧。一直抱怨的人，注定会活在迷离混沌的状态中，看不见前头亮着一片明朗的人生天空。

有时候，人生就是这样的，你坦然面对，却突然发现原来的事情都不算是事儿了。就像俗语所说的：天没放晴，是因为雨没下透，下透了，自然就晴了。所以要学会控制自己的情绪，跟家人和朋友一起，享受坦然的生活，追逐自然的幸福。

欢乐只应心中寻

快乐永远是给智者准备的礼物。

在林语堂先生看来，人世间的快乐是内心深处的一种感觉，它可能是因为一幅画或一顿美餐而产生的美妙意象。快乐不分年龄，不分贫富贵贱。只要你对快乐心向往之，内心就会充满幸福感。而且，生活中的开心不是刻意寻觅到的，它需要用心去体会。开心与否，关键是在于怎样调剂自己的心情。

一个听力失聪的孩子，在画展上看到一幅作品，他仔细地看着，目不转睛、神情专注，忽然转身，微笑着大声地对旁边的父母说："我听到了，听到了小鸟在歌唱，听到了瀑布的轰鸣，还有风儿呼啸的声音……"

一位盲人，在剧院欣赏一场音乐会，交响乐时而凝重低缓，时而明快热烈，时而浓云蔽日，时而云开雾散，盲人惊喜地拉着身边的人说："我看见了，看见了山川，看见了花草，看见了光明的世界和七彩的人生……"

一位病人，医生郑重地告诉他，手术成功，化验结果出来了，从他腹腔内摘除的肿瘤只是一般的良性肿瘤，经过一段时间的疗养便可康复出院，并不危及生命。他顿时满面春风，双目有神，紧紧地握着医生的手，激动地说："谢谢，谢谢，是你们给了我第二次生命……"

快乐在哪里？带着这样的问题，芸芸众生，时刻都在努力寻找答案。其实，快乐是一个多元化的命题，我们在追求着快乐，快乐也时刻伴随着我们。只不过，很多时候，我们身处快乐的山中，在远近高低的角度看到的总是别人的快乐风景，往往没有悉心感受自己所拥有的快乐天地。

快乐是一种心境，只要内心是富有的，人生就是快乐的。

50多年前，美国知名小提琴家梅纽因到日本演出，听说有一个擦鞋童为了听他的音乐会，想方设法凑钱买了一张最便宜的票。谢幕后，梅纽因穿越了贵宾席上的社会名流的盛情簇拥，径直来到低档席，找到了那位擦鞋童，轻轻地问他需要什么帮助。孩子羞怯地说："我什么都不需要，只想听听你的琴声。"梅纽因的泪水一下子夺眶而出，他一把搂住衣衫褴褛的孩子，把心爱的小提琴送给了他。

转眼间，30年过去了。当梅纽因再度访日演出时，又忆起了当年的情景，他想方设法找到了在一家贫民救济院工作的小知音。梅纽因得知，30年来尽管小知音的生活清贫、坎坷，却多次决然地拒绝了想以高价购琴的人。这次会面，他仍和第一次一样回答梅纽因："我什么也不需要，只想听听你的琴声。"梅纽因默默地接过那把阔别30年的旧琴，奏起当年的那支旧曲，所有在场的人无不落泪。

远隔时空，我们无法听到梅纽因的琴声，却能够用心演绎那支曲子。这个动人的故事验证了这样一句话：幸福的程度与金钱无关，心灵的富有才是最富有的。而达到了这种程度，快乐就会植入我们的内心，滋润我们的灵魂。

快乐永远是给智者准备的礼物。快乐也藏在每一个平凡的事物中，用寻找美的眼睛去搜寻，就会发现，美和快乐是无处不在的。

利用好生命中的每分每秒

树枯了，有再青的机会；花谢了，有再开的时候；燕子去了，有再回来的时刻。然而，人的时间一旦逝去，就如覆水难收，难以挽回。

当死亡的阴影笼罩我们时，我们才突然觉得人生苦短。那些未尽的责任怎么办？那些未了的心愿怎么办？那些未实现的诺言怎么办……面对死亡通知书，人们只能踏上那条不归路。追悔也罢，遗憾也罢，结局无人能改，一切悔之晚矣。

非洲有一个部落，婴儿刚生下来就“获得”60岁的寿命，从60岁算起，随着婴儿长大，以后逐年递减，直到零岁。人生大事都得在这60年内完成，此后的岁月便颐养天年了。这种计算方法非常的独特。人生不过是我们从上苍手中“借来”的一段岁月而已，过一年“还”一岁，直至生命终止。

生命既是借来的一段光阴，每过一分钟，我们便会失去生命中的一分钟。有人算过这样一笔账：假如人能活70岁，而每天睡觉8小时，那么70年会睡掉204400小时，合8517天，为23年零4个月。这样，人还剩下46年零8个月的时间。此外，闲聊、看病等时间，再加上退休后不工作的时间，约合36年零2个月。如此算来，一个人活到70岁，自己只有10年零6个月的时间可以用来做些事，更何况并不是人人都能活到70岁的。

由此看来，我们能真正拥有的时间寥寥无几。树枯了，有再青的机会；花谢了，有再开的时候；燕子去了，有再回来的时刻。然而，人的时间一旦逝去，就如覆水难收，难以挽回。时间对于我们每一个人来说都是最宝贵的财富，要珍惜时间，爱护生命，利用好生命中的每分每秒。

人的一生其实也只有三天：昨天、今天、明天。昨天已逝，明天未至，而我们要面对的只有今天。李大钊说：“我认为世间最宝贵的是‘今’，最易失去的也是‘今’。”很多人憧憬明天的美好，也有人常常徘徊于昨天的记忆里，但是他们都忽略了今天。也许明天很美好，明天的太阳比今天灿烂辉煌。可是，“明日复明日，明日何其多”，一个人如果不懂得珍惜今天的时光，又怎么能谈得上珍惜明天的光阴呢？

“今天”与“生命”聊天，“生命”问了一句：“过得怎么样？”

“今天”答道：“到现在为止，今天是我最好的一天！”

“生命”仿佛为“今天”的答案感到吃惊。

“你最好的一天？”“生命”用一种惊诧的口气重新问道。

“是的。”他迅速而且又充满信心地回答。

“生命”又问了一遍：“你确定吗？”

“是的。”他再一次确认。

他能感觉到“生命”并不相信他讲的是真话。当然，他知道“生命”相不相信并不重要，重要的是他自己相信。

“生命”问他：“你怎么能说今天是到现在为止你最好的一天呢？你结婚那天呢？难道不比今天更好吗？”

他答道：“我一直而且将永远记得我结婚那天，我的妻子是多么快乐。我也记得第一个孩子出生的情景；我还记得在甜品店喝奶昔，意识到自己还能做事；我也记得我和儿子一起爬上奥林匹亚山，欣赏这美丽的世界；我还记得在学年手册上读到学校里最传统的女孩儿写的评语，说我是高年级最好的男孩子；我还记得有个女孩对我说她尊重我，而我告诉自己，我也尊重自己；我记得那天船长公正地对待我；我记得海军军官说我不能参军，而母亲仁慈地告诉我说还有希望；我也记得其他两万多个美好的日子，每一天都成就了现在的生活。那些天里，一定有许多天可以排在我好日子列表的前面，但没有一天是最好的一天，它们中的任何一天都只能排第二。”

对于时间的流逝，我们常会产生这样一种错觉：日子长着呢。于是，我们懒惰，我们懈怠，我们怯懦……无论做错什么，我们原谅自己，因为来日方长，不管什么事放到明天再做也不迟。但终有一日，死亡的阴影会笼罩我们，面对那一纸死亡通知书，能想到的是快乐还是追悔呢？是解脱还是遗憾呢？

生命是每个人向老天借来的一段日子，我们何不在有限的生命中珍惜光阴，做好自己该做的事情？

看淡生死，活在当下

需要飞越的不是生死，而是人心中划分的不可逾越的生死鸿沟。

面对生命，圣贤之辈没有认为活着很痛快，也没有认为死很痛苦，生死已不存在于心中。“生者寄也，死者归也。”活着是寄宿，死了是回家。明白了生死交替的道理，就懂得了生死。生命如同夜荷花，开放收拢，不过如此。

人活在这个世界上是顺着生命的自然之势来的，年龄大了，到了要死的时候，也是顺着自然之势去的。道家有种观点：“物壮则老”，意思是指一个东西壮大到极点，自然要衰老，生命要结束，另一个新的生命要开始。所以，真正的生命不在现象上，我们要看透生死，“安时而处顺，哀乐不能入也”，这才是最高的修养。

然而，我们普通人都很难看破生死，所以才脱离不了苦海。

一个婴儿刚出生就夭折，一个老人寿终正寝，一个中年人暴亡。他们的灵魂在去天国的途中相遇，彼此诉说起了自己的不幸。婴儿对老人说：“上帝太不公平，你活了这么久，而我却等于没活过。我失去了整整一辈子。”老人回答：“你几乎不算得到了生命，所以也就谈不上失去。谁受生命的赐予最多，死时失去的也最多。长寿非福也。”中年人叫了起来：“有谁比我惨！你们一个无所谓活不活，一个已经活够数，我却死在正当年，把生命曾经赐予的和将要赐予的都失去了。”

他们正谈论着，不觉到达天国门前，一个声音在头顶响起：“众生啊，那已经逝去的和未曾到来的都不属于你们。你们有什么可失去的呢？”3个灵魂齐声喊道：“主啊，难道我们中间没有一个最不幸的人吗？”上帝答道：“最不幸的人不止一个，你们全是，因为你们全都自以为所失最多。谁受这个念头折磨，谁就是最不幸的人。”

面对生死，我们都应该坦然些。生命之意义，是告诉世人，只要看破无常、参透生死，就能随时随地心安理得、顺其自然，也就不会大悲大喜，弄得身心俱疲。

一个学徒酷爱学习武术，希望自己能够领悟武术的精华，过了一段时间，想想自己既不强壮，又不灵巧，始终不能入门，实在没有资格学武，便决定离开。临走时向师父辞行。

学徒说："老师！我在您这儿习武长达三年之久，对武术仍是一点领悟都没有，实在辜负您的心意。看来我不是学武的材料，今天向您老辞行，我将云游他乡。"

老师非常惊讶，问道："为什么没有觉悟就要走呢？难道去别的地方就可以觉悟吗？"

学徒诚恳地说："学武的同学们一个个都已学成而归，而我每天除了吃饭、睡觉之外，都精进于武术的学习，但就是太愚钝。现在，在我的内心深处已生出一股倦怠感，我想我还是云游四海吧！"

老师听后开解道："悟，是一种内在本性的流露，根本无法形容，也无法传达给别人，更是学不来也急不得的。别人是别人的境界，你习你的武术，这是两回事，为什么要混为一谈呢？"

学徒说："老师！您不知道，我跟同学们一比，立刻就有类似小麻雀看见大鹏鸟时那样的羞愧之情。"

老师有兴趣地问道："怎么样的算大？怎么样的算小？"

老师答道："大鹏鸟一展翅能飞越几百里，而我只能囿于草地上的方圆几丈而已。"

老师意味深长地问道："大鹏鸟一展翅能飞几百里，那它飞越生死了吗？"

学徒听后点点头。

大鹏鸟虽然一展翅就能飞越几百里，但它却无法飞越生死；而一个人却可以借助思考和反省，参透生死之道，并获得解脱。

对我们而言，肉体的死亡是不可避免的。我们总是惧怕死亡，对死亡过度恐慌。因为生命如流水般逝去，无可挽回。尘世生命是短暂的，但在悟者的视野里，生命是永恒的，生和死是定义肉体生命的。

认识到这永恒的生命，如天地自然中万有造化的生生不息、循环往复的生命规律，就能从绝望虚无的深黑泥淖中脱离出来，就是飞越了生死的悬隔。这始终存在的生命，继续繁衍生发，它是一个延续，如波浪的涌进。生死之间没有一丝空隙，它是连贯畅通的。如此达观，一己生命根本算不了什么。生死本无鸿沟，全在于人的设定。需要飞越的不是生死，而是人心中划分的不可逾越的生死鸿沟。

演员变换了，戏照常进行；浪潮翻腾着，但海洋依旧。既然肉体的死亡和朽灭是我们谁也避免不了的事，既正常又绝对，那我们不必自欺欺人，欺骗自己也不能阻止死亡的到来。不如看淡生死，好好活在当下。